动手玩转 micro:bit

（微课版）

贺雪晨　王　翔　赵　琰
沈文忠　贺天韵　曹珈铭　编著

清华大学出版社
北京

内 容 简 介

本书通过编写 Python 程序控制开源智能硬件 micro：bit 内置的 LED、按钮、传感器、无线电和蓝牙通信，实现简易 POS 机、石头剪刀布等游戏项目的开发实践案例；通过安芯教育设计的扩展板，实现了声控风扇、智能抢答器、红绿灯系统、遥控 LED、大棚管理系统、电子门铃、限位雨刷器、遥控小车等项目。通过"智能小区"案例将各种传感器进行集成，实现由门禁系统、监控系统和娱乐系统组成的智能小区。此外，本书还介绍了通过图形界面编写单人、双人、蓝牙游戏，通过图形界面编写对应的静态 Python 程序。

本书可作为开源硬件课程或 Python 编程相关课程的教材，也可供想进行编程学习的青少年、家长、教育工作者、创客等各类读者参考。

图书在版编目（CIP）数据

动手玩转 micro：bit ：微课版 / 贺雪晨等编著.
北京 ：清华大学出版社，2024.9. -- ISBN 978-7-302
-67390-3

Ⅰ. TP323

中国国家版本馆 CIP 数据核字第 2024A9B243 号

责任编辑：汪汉友
封面设计：何凤霞
责任校对：王勤勤
责任印制：丛怀宇

出版发行：清华大学出版社

　　　网　　　址：https：//www.tup.com.cn，https：//www.wqxuetang.com
　　　地　　　址：北京清华大学学研大厦 A 座　　　　　　　　邮　　编：100084
　　　社 总 机：010-83470000　　　　　　　　　　　　　　　邮　　购：010-62786544
　　　投稿与读者服务：010-62776969，c-service@tup.tsinghua.edu.cn
　　　质量反馈：010-62772015，zhiliang@tup.tsinghua.edu.cn
　　　课件下载：https：//www.tup.com.cn，010-83470236

印 装 者：三河市铭诚印务有限公司
经　　销：全国新华书店
开　　本：203mm×260mm　　　印　　张：11.25　　　字　　数：301 千字
版　　次：2024 年 10 月第 1 版　　　　　　　　　　　　印　　次：2024 年 10 月第 1 次印刷
定　　价：49.00 元

产品编号：095523-01

前言
PREFACE

源于英国的 micro：bit 是一款专为青少年编程教育而设计的微型计算机开发板，基于它的教育项目遍布全球。

micro：bit 广受青少年 STEAM 项目喜爱。英国 Do Your Bit 国际挑战赛、中国教育部全国青少年电子信息智能创新大赛，都将其选为赛事硬件平台。国内多所高校在开设的硬件编程类相关课程中使用 micro：bit 结合 Python 代码编写进行创意作品设计，取得了良好的教学效果。

安芯教育依托 micro：bit 开源平台打造了创新教育平台，于 2016 年 10 月 18 日全面运作，完成从中小学、高职、本科、研究生到继续教育的完整课程体系和人才培养计划。正在构建的 AFE 认证体系，通过可视化、游戏化的方式，培养和提升学生的编程思考能力；通过动手实践，培养学生探究创新、团队协作能力。

本书是 2019 年上海高校本科重点教学改革项目"基于人工智能应用场景的产教深度融合实践教学改革与探索"、教育部 2017 年产学合作协同育人项目"上海电力 ARM 智能互联实验室"、教育部 2019 年产学合作协同育人项目"上海电力大学-ARM 中国嵌入式人工智能联合实验室"的建设成果，由上海电力大学"嵌入式智能技术"产教融合教学团队编写。

本书第 1 章介绍了开源智能硬件 micro：bit，对于暂时没有板子的读者，可以使用其中介绍的 Python 模拟器进行包括 LED、按钮、光线传感器、温度传感器、加速度传感器和磁场传感器的仿真实验。

第 2 章和第 3 章分别介绍了如何使用 Python 对内置的 LED 和按钮进行编程。

第 4 章介绍了如何使用 Python 对内置传感器进行编程，并通过水果抓手、障碍赛、俄罗斯方块 3 个游戏项目的实践对第 2～4 章的内容进行综合。

第 5 章介绍了无线电和蓝牙通信，通过简易 POS 机、石头剪刀布游戏项目等实践，掌握 micro：bit 无线电通信的实现，以及应用官方手机 App 进行蓝牙通信的方法。

第 6 章通过增加扩展板，使用蜂鸣器实现了音乐和作曲，使用电位器和声音传感器实现了风速调节和声控风扇，使用五按键模块实现智能抢答器，使用外接 LED 实现红绿灯系统和遥控 LED，使用土壤湿度传感器和光线传感器实现大棚管理系统，使用碰撞传感器实现电子门铃，使用伺服电动机实现限位雨刷器，使用电动机实现遥控小车。

第 7 章介绍如何将温度传感器模块、数码管模块、蜂鸣器模块、加速度传感器模块、伺服电动机模块、人体检测模块、电位计模块、LED 灯条、超声波模块、LED 点阵模块、冷光线灯条、声音模块、按钮模块、手柄模块、摄像头模块、水泵模块、Neopixel 模块等进行集成，实现包含智能人行、自动变道、别墅安保、免接触垃圾箱、智慧火警、噪声监控、种植、娱乐篮球、远程总控、智能水渠、科幻灯光等模块的智能小区。

第 8 章介绍如何通过图形界面编写单人、双人、蓝牙游戏，并介绍其对应的静态 Python 程序，供读者对比了解。

由于编者能力有限，书中难免有不足之处，恳请同行专家及读者批评指正。

编　者

2024 年 8 月

学习资源

目 录
CONTENTS

第1章 概　　述

 学习目标

本章重点学习开源智能硬件 micro:bit 的组成、MicroPython 的来历以及 Mu 编辑器和 Python 模拟器的作用。

学习要求

(1) 了解 micro:bit 的特性、MicroPython 与 Python 的关系、micro:bit 的开发工具以及 Python 模拟器的搭建的使用。

(2) 掌握 Mu 编辑器的使用。

人们日常生活中经常使用的计算机、电视、电子表、无人机等电子产品拥有非常丰富的功能,可以显示图像、发出声音、操控运动、发送信息……为什么它们能拥有这么多功能呢? 这些功能又是如何实现的呢? 原因是这些电子产品内部都有一个控制器,能够根据设定的程序处理相应的信息,做出相应的动作。如果想设计出自己的产品,就需要学习如何使它们工作。

1.1　开源智能硬件 micro:bit

如图 1.1 所示,micro:bit 就是一种控制器。该控制器是由英国广播电视公司(BBC)联合微软公司、三星公司、ARM 公司、英国兰卡斯特大学等共同开发的一款专为青少年编程教育而设计的微型计算机开发板。

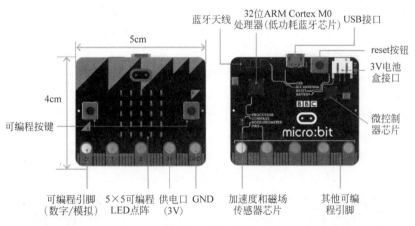

图 1.1　micro:bit

micro:bit 的前身是 20 世纪 80 年代开发的 BBC Micro,如图 1.2 所示。当时在英国政府的支持下,BBC 公司正在制作一个旨在提高全英国计算机水平的系列节目,同时希望有一款能与节目配套的功能丰富、价格又不太贵的计算机。这个项目与现在的树莓派项目类似。该节目如果成功,BBC Micro 将有望进入全英国的每一间教室。Acorn 公司(ARM 公司的前身)的 BBC Micro 获得了大量订单,并在当时销售了约

150万台,因此于1984年获得了女王技术奖。

图1.2　BBC Micro

小贴士

> micro:bit是一款基于Mbed的产品。
> Mbed是ARM公司官方提供的一套用于快速开发ARM架构单片机应用原型的工具集。
> micro:bit在只有半张信用卡大小的PCB上集成了nRF51应用处理器和一系列与它连接的陀螺仪、运动传感器、LED点阵、蓝牙等外围设备。
> micro:bit拥有与应用程序处理器相连的接口处理器KL26,可以方便地进行编程和控制硬件。

micro:bit具有以下特性。

（1）拥有25颗独立的可编程LED点阵,可以显示文本、数字和图像,由于可显示的像素点太少,目前还不能显示中文字符。

（2）正面有两个可编程按钮作为输入元件,按下按钮就可以运行代码。

（3）输入输出引脚需要配合鳄鱼夹或者插接到扩展板上转接使用。通过它,可连接电动机、LED点阵或者其他带引脚的电子元器件。

（4）可通过光敏二极管把LED点阵转换成光敏传感器,用于检测周围的光线。

（5）自带的温度传感器可检测micro:bit主芯片（CPU）的温度。

（6）自带的加速度传感器（陀螺仪,如图1.3所示）可测量micro:bit的三轴转动角度,可检测加速度的大小,也可以检测micro:bit摇晃、倾斜、自由落体等状态。

（7）自带的指南针（如图1.4所示）可用于地球磁场的检测及方向的判断。

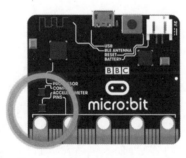

图1.3　加速度传感器（陀螺仪）

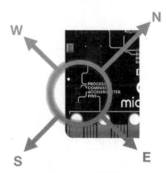

图1.4　指南针

（8）自带的 2.4GHz 无线模块可在两块或多块板卡之间通过无线的方式传送字符串。

（9）手机或计算机可通过自带的蓝牙模块对 micro:bit 进行控制或者信号的传送。

除了通过电池供电外,不可将下载线一端与主控板的 Micro USB 接口连接,另外一端与计算机的 USB 接口连接就可以给 micro:bit 供电。当遇到程序死循环等情况需要重启 micro:bit 时,可以直接按重启按钮,如图 1.5 所示。

(a) 用笔记本计算机的USB接口供电　　(b) 用电池组供电

图 1.5　供电和重启

小贴士

micro:bit 的程序编写可以通过以下方式进行。

（1）通过图形界面实现。

（2）使用 JavaScript 进行代码编写。

（3）通过 Python 程序编写的方式实现。

（4）使用 C++ 编程,在 Mbed 的在线 IDE 或第三方 IDE 上实现。

图形化编程工具包括微软提供的 MakeCode 编辑器(https://makecode.microbit.org)、安芯教育的在线编辑器(http://ide.ithingedu.com)等,如图 1.6 和图 1.7 所示。

图 1.6　MakeCode 编辑器

它们的编程环境都是基于 Web 服务的,无须下载编辑工具到本地,只要登录该网站,就可通过 JavaScript 语言进行在线编程。它们的区别是,安芯教育的在线编辑器可以直接切换到 Python 模块,使用 Python 进行程序编写;微软公司的 MakeCode 编辑器不能直接使用 Python,只能进入网站 python.microbit.org 才可以,如图 1.8 所示。

图 1.7　安芯教育编辑器

图 1.8　micro：bit 的 Python 编程工具

1.2 MicroPython

Python 是一门面向对象的解释型高级语言。它可移植性好，有一个交互式的开发环境，不但语法简单、容易上手，而且有强大的社区支持，已在大多数平台上成为编写脚本或开发应用程序的理想语言。遗憾的是，它不能实现非常底层的操控，所以对硬件的控制有限。

Damien George 是一位用 Python 语言工作的计算机工程师，对机器人项目开发也很熟悉，于是产生了用 Python 语言控制单片机，实现对机器人进行的操控的想法。他仅用 6 个月的时间就打造了 MicroPython，顾名思义，就是可以运行在微处理器上的 Python。MicroPython 基于 ANSI C，语法也与 Python 3 基本一致，同样拥有自己的解析器、编译器、虚拟机和类库。

借助 MicroPython，用户完全可以通过 Python 脚本语言实现控制 LED 点阵、读取电压、控制电动机、访问 SD 卡等对硬件底层的操作。

目前，MicroPython 有多个运行于不同硬件平台的版本，包括 STM32F4/F7/L4 系列、ESP8266、ESP32、NXP MK20DX256、Microchip PIC33、Infineon XMC4700、nRF51822、CC3200、MSP432 等。其中以 STM32 和 ESP8266 为主。

MicroPython 采用的是 MIT 授权方式。该方式是一种最宽松的授权方式，任何企业和人都可以使用。

在 micro：bit 上运行的 Python 版本就是 MicroPython。

小贴士

与桌面版本的 Python 不同，MicroPython 是面向微控制器的精简版本，因此并不支持所有的 Python 库和功能。

学过 Python 后再学习 MicroPython 会很容易，但不是所有的 Python 语法都适用于 MicroPython。这点尤为重要。

MicroPython 与 Python 的具体区别详见 http://docs.micropython.org/en/latest/genrst/core_language.html。

1.3　代码编辑器 Mu

micro：bit 官方推荐的 MicroPython 相关的软件包括 Mu（https://codewith.mu）、uFlash（https://uflash.readthedocs.io/en/latest）等。

Mu 是一款代码编辑器，用于在 micro：bit 上进行 MicroPython 编程，可以在 Windows、macOS X 和 Linux 平台上运行。

本书采用 Mu 进行程序编写，Mu 的界面如图 1.9 所示。

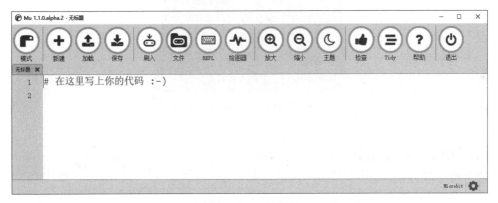

图 1.9　Mu 编辑器

单击"加载"按钮，可以将已有的 Python 文件（.py）加载到代码窗口中；单击"刷入"按钮，可将 Python 程序下载到 micro：bit 上运行。

单击 REPL 按钮，底部出现交互式 Shell，在其中输入代码，如图 1.10 所示，就可以在 micro：bit 的 LED 点阵上看到滚动显示的"Welcome"，如图 1.11 所示。

小贴士

REPL（read evaluate print loop，交互式解析器）是一种简单的交互式计算机编程环境，可以进行探索性编程和调试。

在 REPL 中，当用户输入一个或多个表达式后，会进行评估并显示结果。

通俗地讲，就是通过在一个小窗口里输入代码，就可将其逐条运行并实时返回结果。

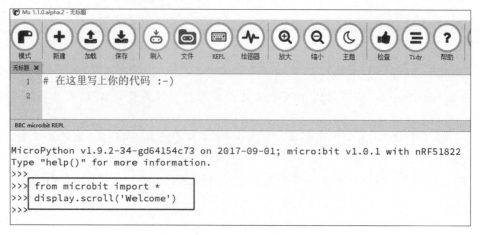

图 1.10　用 REPL 调试程序

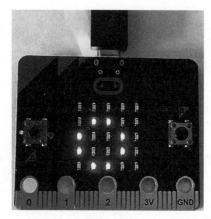

图 1.11　滚动显示到"o"的状态

用 Python 编程时输入的信息是区分大小写的，因此字符串"Microbit""microbit""microBit"对于 Python 是完全不同的。

如果 MicroPython 提示 NameError，可能是因为输入的信息不正确。

如果 MicroPython 提示 SyntaxError，则是因为输入了 MicroPython 无法识别的代码，例如错误输入中文引号而不是英文引号，或者错误输入中文冒号而不是英文冒号，如图 1.12 所示。

小贴士

在 micro:bit 设备停止响应时，新的代码对它不起作用，也不能输入新的命令。

如果发生这种情况，可尝试重启，应该先拔掉 USB 线，如果连接了电源线，则需要同时拔掉电源线，然后重新插一下。

除此之外，有时还需要退出并重新启动代码编辑器。

```
BBC micro:bit REPL
>>> display.scroll(Welcome)
Traceback (most recent call last):
  File "<stdin>", line 1, in <module>
NameError: name 'Welcome' is not defined
>>> from Microbit import *
Traceback (most recent call last):
  File "<stdin>", line 1, in <module>
ImportError: no module named 'Microbit'
>>> from microBit import *
Traceback (most recent call last):
  File "<stdin>", line 1, in <module>
ImportError: no module named 'microBit'
>>> from microbit import *
>>> while True
...
Traceback (most recent call last):
  File "<stdin>", line 2
SyntaxError: invalid syntax
```

图 1.12　代码错误的提示信息

1.4　micro:bit 的 Python 模拟器

对于没有 micro：bit 设备而想进行体验的读者，可以使用 micro：bit 的 Python 模拟器——Device Simulator Express。

Device Simulator Express 是一个 VS Code 的编程扩展。使用它，可在没有 micro：bit 硬件的情况下，模拟 Python 程序的调试。

Device Simulator Express 和 MakeCode 中的设备模拟器功能类似，但它是一个 Python 程序的模拟器，也是目前 micro：bit 上功能最强的 Python 模拟器。其下载地址为 https://marketplace.visualstudio.com/items?itemName=ms-python.devicesimulatorexpress。

该模拟器的安装和使用有一定的难度，具体步骤如下。

（1）在安装 Device Simulator Express 扩展前，需要安装 Visual Studio Code、Python（3.74 以上版本）、Node 等；在安装 Device Simulator Express 时，会自动安装 Python VS Code Extension，如图 1.13 所示。

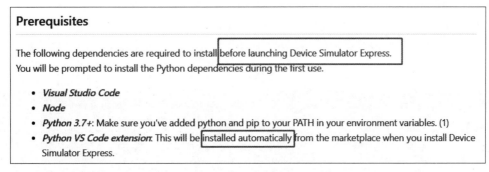

Prerequisites

The following dependencies are required to install before launching Device Simulator Express.
You will be prompted to install the Python dependencies during the first use.

- *Visual Studio Code*
- *Node*
- *Python 3.7+*: Make sure you've added python and pip to your PATH in your environment variables. (1)
- *Python VS Code extension*: This will be installed automatically from the marketplace when you install Device Simulator Express.

图 1.13　模拟器的下载页面

（2）在 Visual Studio Code、Python、Node 安装完成后，单击如图 1.14 所示网页中的 Install 按钮，出现如图 1.15 所示的对话框。

（3）单击"打开 Visual Studio Code"按钮，在出现的 VS Code 界面中，单击 Install 按钮，如图 1.16

图 1.14　网页中的 Install 按钮

图 1.15　打开 VS Code 对话框

所示。

图 1.16　在 VS Code 中安装模拟器

（4）等待一段时间后，当 Install 变成 Uninstall 时，安装完毕。

（5）安装好 Device Simulator Express 扩展后，按 Ctrl＋Shift＋P 组合键（或选中 View｜command palette 菜单项），打开命令面板。输入"settings"，选中 Preferences：Open Settings(UI)选项，如图 1.17 所示。

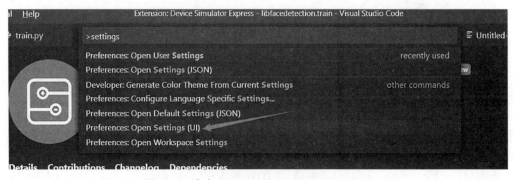

图 1.17　选中 Preferences：Open Settings(UI)

（6）在文本框中输入"previewmode"，选中 Enable this to test out and play with the new micro：bit simulator！复选框，如图1.18所示。

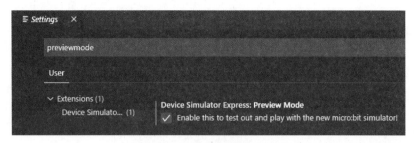

图1.18　选中 micro：bit 模拟器

（7）按 Ctrl＋Shift＋P 组合键，输入"device simulator express：［micro：bit］new file"，新建 micro：bit 文件。

小贴士

第一次启动模拟器时，会自动安装所需要的 Python 依赖模块，时间会比较长。

由于网络原因，部分模块在安装时会比较困难，需要多试几次或者在网速快的时段进行尝试。

按 Ctrl＋Shift＋P 组合键，输入"device simulator express：install extension dependencies"，可以实现手工安装依赖库。

如果不出现图1.19中右面的模拟器界面，可以按 Ctrl＋Shift＋P 组合键，输入"device simulator express：［micro：bit］open simulator"。

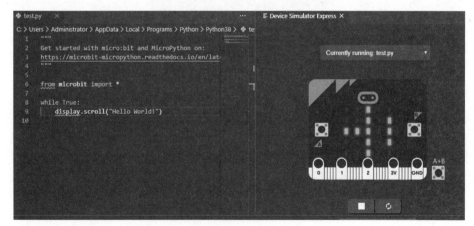

图1.19　模拟器滚动显示"Hello World！"

（8）按 Ctrl＋O 组合键，打开已有的 Python 文件，在 command palette 中输入"device simulator express：［micro：bit］open simulator"，也可以启动模拟器，如图1.20所示。

（9）在模拟器的下方有两个功能按钮，分别是"启动/停止"和"重载"，如图1.21所示。如果修改了程序，可以单击模拟器中的"重载"按钮重新加载程序。在这两个按钮的下方是一排传感器和功能按钮，可以单击打开某个功能，设置传感器参数；也可以直接单击模拟器开发板上的按钮和 GPIO。

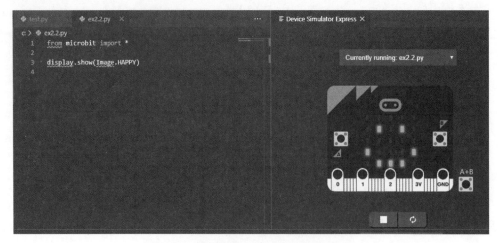

图 1.20　模拟器显示 HAPPY（笑脸）图像

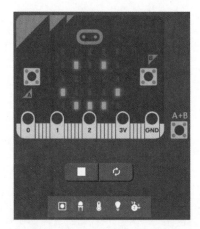

图 1.21　模拟器的功能按钮

小贴士

　　micro:bit 的主要功能已经可以模拟了，使用的是 MicroPython 定制版，但是部分传感器和库（如 music 等）还不能模拟。

　　实现上述流程有一定的难度，可能会出现等待时间比较长、模拟器无法工作等情况。

　　不想用 VS Code 的读者，可以通过网站 https://create.withcode.uk，实现模拟功能。

第 2 章　micro:bit 基本组件

学习目标

本章重点学习 micro:bit 的基本组件,以及 LED 点阵和按钮的使用方法。

学习要求

(1) 了解 micro:bit 的基本输入输出组件。

(2) 掌握在 LED 点阵上显示图像、动画的方法以及如何使用按钮进行交互。

输出是设备向外界输出信息,而输入是从外界输入信息。对于 micro:bit 主控板,输入就是其他设备把信号或信息通过接口传输进来,这些设备就是输入设备。常见的输入设备有鼠标、键盘以及各种传感器等;输出就是把处理之后的信号或信息直接或间接地传输给工作设备,这些工作设备就是输出设备,常见的输出设备有 LED 点阵、电动机以及伺服电动机等。

LED 点阵和按钮是 micro:bit 的基本组件。

LED 能够将电能转换成光能。micro:bit 上的 LED 是贴片式的,多个 LED 按照顺序排列就组成了 LED 点阵。生活中经常看到广告牌、舞台灯光、大屏幕上不同颜色的字母或图像,都是由 LED 点阵组成的。通过编写代码可让 micro:bit 的 LED 点阵显示信息。

按钮是一种常用的控制电器元件,主要用来发布操作命令,接通或开断控制电路。生活中可以见到各式各样的按钮,比如马桶的冲水按钮、鼠标的左右键、门铃按钮、电梯的上下按钮等。通过主控板上的按钮 A 和 B,可以控制信息的输出,实现交互功能。

2.1　可编程 LED 点阵

LED 是一种将电能转换为光能的半导体器件,与白炽灯的钨丝发光与节能灯三基色荧光粉发光原理不同,LED 采用的是电场发光,具有体积小、寿命长、光效高、辐射低、功耗低等特点。另外,它可以发出红、黄、蓝、绿、白等颜色的光,在指示标志、广告传媒、舞台背景、市政工程等方面具有广泛的应用。

2.1.1　Hello World

用 MicroPython 让计算机显示"Hello,World!"很容易,使用两行代码就可以实现。

【例 2.1】　滚动显示"Hello World!"。

打开 Mu 编辑器,输入如下代码:

```
from microbit import *
display.scroll("Hello, World!")
```

程序解析如下。

(1) 第一行代码用于告知 MicroPython,micro:bit 需要获取它所有的信息("＊"在 Python 中表示所有信息),并将这些信息都置于 micro:bit 模块中。这行代码的意思是需要使用 micro:bit 代码库中的所有内容。

> 🖥 小贴士
>
> 在程序开发过程中，随着程序代码越写越多，文件中的代码会越来越长，越来越不容易维护。为此，需要把实现不同功能的代码进行分组，然后分别放到不同的文件里，使每个文件包含的代码相对较少。
>
> Python 中的.py 文件称为模块（Module）或库。
>
> 使用模块最大的好处有两个：一是大大提高了代码的可维护性，二是编写代码时不必从零开始，当一个模块编写完毕，就可以在其他地方被引用。
>
> 在编写程序时，会经常引用其他模块，包括 Python 内置的模块和第三方模块。
>
> 所有与硬件交互直接相关的文件都存放在 micro:bit 模块中。为了便于使用，所有编写的程序开头都使用代码 from microbit import *。

（2）第二行代码用于告诉 MicroPython，使用 LED 点阵滚动显示字符串"Hello，World!"。

> 🖥 小贴士
>
> display 是 micro:bit 模块中的一个对象，LED 点阵通过 display 对象显示。
>
> "."用于告知 LED 点阵执行的事件，句点后面看起来像是命令，称为"方法"，方法能够有效地控制程序，此处引用的是 scroll 方法。
>
> 由于 scroll 方法需要知道在 LED 点阵上滚动什么字符，因此用括号内两个双引号之间的字符来表示，这些字符称为参数。
>
> 如果一个方法不需要任何参数，则需用"()"表示。
>
> 除了字符串（string）参数外，scroll 还可以有其他参数，具体格式为 scorll(string, delay=150, wait=True, loop=False, monospace=False)，若省略，则为上述默认值。
>
> delay 参数决定了文本滚动的速度：按顺序显示图像或字符，并在它们之间设置一个以毫秒为单位的数 delay（延迟）。
>
> - 如果 wait 为 True，则此函数将进入阻塞状态，直到显示完成再执行后续的命令，如果为 False，则显示将在后台进行。
> - 如果 loop 为 True，则显示将永久重复。
> - 如果 monospace 为 True，则字符将全部占用 5 像素的列宽，否则每个字符在滚动时都会有一个空白像素列。
> - display 的另一个方法是 show，对应 scroll 的基本格式为 display.show(string)。

单击"保存"按钮，保存为 ex1.py 文件。

通过 USB 线将 micro:bit 连接到计算机，单击"刷入"按钮，将代码下载到 micro:bit 上。可在 micro:bit 的 LED 点阵上滚动显示"Hello,World!"，如图 2.1 所示的是滚动显示到字符串中"e"的状态。

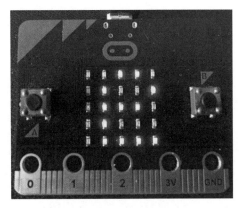

图 2.1　滚动显示到"e"的状态

 复习思考题

（1）想办法改变显示的字符。

（2）让设备向你问好。

（3）在代码 display.scroll("Hello，World!")的下一行添加代码 display.show("123")，并修改 display.scroll()中的参数值，下载到 micro:bit，观察运行结果，总结这些参数不同值的作用。

2.1.2　图像

对于 5×5 的红色 LED 点阵，可以通过 MicroPython 对显示屏做很多控制，从而生成各种有趣的效果。

1. 内置图像

MicroPython 有大量的内置图像可以显示在屏幕上。

【例 2.2】　显示内置 HAPPY(笑脸)图案。

编写程序，代码如下：

```
from microbit import *
display.show(Image.HAPPY)
```

小贴士

通过 display.show(image)显示图像。

具体格式是 display.show(iterable, delay=400, wait=True, loop=False, clear=False)。

按顺序显示来自 iterable 的图像或字母，并在它们之间设置一定的时间间隔 delay(单位：毫秒)。

参数 wait、loop 的作用与 scroll 相同。

如果参数 clear 为 True，则在显示来自 iterable 的图像或字母后，将所有的 LED 亮度设置为 0(关闭)，相当于执行 display.clear()。

除了 scroll、show、clear 3 个方法外，display 还有下面的方法。

- get_pixel(x,y)：将第 x 列和第 y 行的 LED 亮度以 0(关)和 9(亮)之间的整数返回。
- set_pixel(x,y,value)：将第 x 列和第 y 行的 LED 亮度设置为 value,该值必须是 0～9 的整数。
- display.on()：调用 on()以开启显示。
- display.off()：调用 off()以关闭显示(允许将与显示相关的 GPIO 引脚重新用于其他目的,详见第 6 章)。
- display.is_on()：若显示处于开启状态,则返回 True,否则返回 False。

单击"刷入"按钮,将代码下载到 micro:bit 上,在 micro:bit 的 LED 点阵上显示如图 2.2 所示。

图 2.2　显示"笑脸"图案

下面是一系列内置图像：Image.ANGRY、Image.ARROW_E、Image.ARROW_N、Image.ARROW_NE、Image.ARROW_NW、Image.ARROW_S、Image.ARROW_SE、Image.ARROW_SW、Image.ARROW_W、Image.ASLEEP、Image.BUTTERFLY、Image.CHESSBOARD、Image.CLOCK1、Image.CLOCK2、Image.CLOCK3、Image.CLOCK4、Image.CLOCK5、Image.CLOCK6、Image.CLOCK7、Image.CLOCK8、Image.CLOCK9、Image.CLOCK10、Image.CLOCK11、Image.CLOCK12、Image.CONFUSED、Image.COW、Image.DIAMOND、Image.DIAMOND_SMALL、Image.DUCK、Image.FABULOUS、Image.GHOST、Image.GIRAFFE、Image.HAPPY、Image.HEART、Image.HEART_SMALL、Image.HOUSE、Image.MEH、Image.MUSIC_CROTCHET、Image.MUSIC_QUAVER、Image.MUSIC_QUAVERS、Image.NO、Image.PACMAN、Image.PITCHFORK、Image.RABBIT、Image.ROLLERSKATE、Image.SAD、Image.SILLY、Image.SKULL、Image.SMILE、Image.SNAKE、Image.SQUARE、Image.SQUARE_SMALL、Image.STICKFIGURE、Image.SURPRISED、Image.SWORD、Image.TARGET、Image.TORTOISE、Image.TRIANGLE、Image.TRIANGLE_LEFT、Image.TSHIRT、Image.UMBRELLA、Image.XMAS、Image.YES。

复习思考题

(1) 尝试将其他的内置图像在 LED 点阵上显示,观察效果。

(2) 执行代码 display.set_pixel(1,1,9),观察效果。

(3) 改变 display.set_pixel(x,y,9)中的值,总结 x,y 对应 LED 点阵的位置。

(4) 在 display.set_pixel(1,1,9)下面两行添加代码 temp = display.get_pixel(1,2)和 display.show(str(temp)),理解 display.get_pixel 的作用(get_pixel 返回的是整数,函数 str()将其转换为字符串,这样 display.show 才能显示)。

2. 创建图像

除了在 LED 点阵上显示内置图像外,还可以在 micro:bit 上创建自己的图像。

显示器上的每个 LED 像素可以设置为 10 个值中的任何一个。如果像素设置为 0,表示处于关闭状态,从字面上理解,即为 0 亮度;而设置为 9,表示亮度最强。1～8 表示关闭状态(0)和最强亮度(9)之间的亮度级别。

知道这些后,就可以创建一个新图像。

【例2.3】 创建图像"船"。

编写程序,代码如下:

```
from microbit import *

boat=Image("09090:"
            "09090:"
            "09090:"
            "99999:"
            "09990")
display.show(boat)
```

💡小贴士

Image类用于创建可以在LED点阵上显示的图像。

给定一个图像,就可以通过display对象的show方法将它显示出来。

对LED点阵起显示作用的每一行数字都在""" ""之间并以";"结尾,每个数字规定一个亮度。

一共有5行,每行有5个数字,对应LED上5行5列共25个LED的亮度值。

通过给定LED显示屏中每个像素的亮度,就可以创建新图像。

实际上,亮度代码不用分行写,可以合并成一行,例如:

```
boat=Image("09090:09090:09090:99999:09990")
```

行的结尾除了用冒号表示外,也可以使用换行符(\n)来表示行的结尾,如:

```
Image("09090\n")
```

程序运行效果如图2.3所示。

图2.3 自定义图像

📝复习思考题

(1) 尝试使用set_pixel(x,y,value)自定义"船"图像,并比较它们的不同。

(2) 在display.show(boat)前一行添加语句 boat=boat.shift_left(1),观察效果。

（3）改变 shift_left(*n*)中 *n* 的值，包括正值和负值，观察效果。

（4）将 shift_left(*n*)改变为 shift_right(*n*)、shift_up(*n*)、shift_down(*n*)，观察效果并进行总结。

2.1.3 动画

在观察景物时，光信号经人眼传入大脑，需经过一段短暂的时间。光的作用结束后，视觉形象并不会立即消失，这种残留的视觉称为"后像"，这一视觉现象称为"视觉暂留"。每个人都有"视觉暂留"，眼睛看到东西后，在 0.34s 内不会消失。利用这一原理，在一幅图像还没有消失前播放下一幅图像，就会给人造成一种流畅的视觉变化效果。它应用在了人们生活的很多方面，如电视、电影等。

动画是通过把连续图像分解后画成许多瞬间的图像，再用摄影机进行拍摄形成的一系列画面，给视觉造成连续变化的视觉效果。它的基本原理与电影、电视一样。

让静态的图像动起来十分有趣，用 MicroPython 实现起来相当简单，只需一个图像列表就能实现。只需告诉 MicroPython 动态显示一系列图像即可，例如内置图像分组 Image.ALL_CLOCKS 和 Image.ALL_ARROWS。

【例 2.4】 内置图像动画"时钟"。

编写程序，代码如下：

```
from microbit import *
display.show(Image.ALL_CLOCKS, loop=True, delay=100)
```

 小贴士

和显示单张图像一样，通过 display.show 在 LED 点阵上显示一系列图像。

Image.ALL_CLOCKS 包含了 Image.CLOCK1～Image.CLOCK12 的一组图像。

MicroPython 将列表中的图像一个接一个地显示。

通过 loop＝True 控制 MicroPython 循环显示列表中的图像。此动画会永久循环。

运行程序，动画部分效果如图 2.4 所示。

图 2.4　"时钟"动画

📋 复习思考题

（1）尝试动态显示 Image.ALL_ARROWS 列表。

（2）如何避免永久循环？

（3）如何改变动态显示的速度？

【例 2.5】 自定义"沉船"。

编写程序,代码如下:

```
from microbit import *

boat1=Image("05050:"
            "05050:"
            "05050:"
            "99999:"
            "09990")

boat2=Image("00000:"
            "05050:"
            "05050:"
            "05050:"
            "99999")

boat3=Image("00000:"
            "00000:"
            "05050:"
            "05050:"
            "05050")

boat4=Image("00000:"
            "00000:"
            "00000:"
            "05050:"
            "05050")

boat5=Image("00000:"
            "00000:"
            "00000:"
            "00000:"
            "05050")

boat6=Image("00000:"
            "00000:"
            "00000:"
            "00000:"
            "00000")
```

```
all_boats=[boat1, boat2, boat3, boat4, boat5, boat6]
display.show(all_boats, delay=200)
```

小贴士

程序中创建了 6 个 boat 图像,然后将它们放入一个名为 all_boats 的列表中。

Python 知道这是一个列表是因为它们在"[ ]"中。

列表中的各项用","隔开。

MicroPython 将列表中的图像逐个显示。

Python 可以将任何内容存储在列表中,如["hello!",1.234,Image.HAPPY],包含了字符串、数字和图像。

"沉船"动画的 6 个画面如图 2.5 所示。

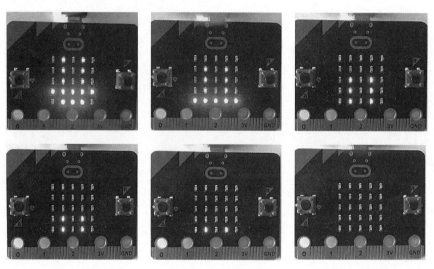

图 2.5 "沉船"动画

复习思考题

（1）如果在 display.show（all_boats,delay=200）设置参数 loop=True,会发生什么情况,合理吗?

（2）自己制作一个动画。

（3）尝试实现一个淡入淡出的动画效果。

【例 2.6】 自定义动画"移动的数字"。

在城市中每天都能够看到各种各样的广告和宣传标语分布在车站、超市、宾馆、饭店等地方。同时,因为各种广告和宣传标语长短不一。人们看到的很多文字都是移动显示的。那么,它是如何实现的呢?可以模拟它实现的过程吗?

想实现数字移动显示,需要利用视觉暂留的原理。刚开始,只在 LED 点阵屏幕右侧的边缘出现数字左边的部分,然后把出现的部分向左移动一列,随后补齐数字后续需要显示的内容。这样一步一步进行操作,最后从屏幕左侧逐渐消失,就能够实现数字的移动显示。

　　因此程序实现的功能是,数字最左边一列的内容显示、数字最左边两列的内容显示、数字最左边三列的内容显示……数字最右边三列的内容显示、数字最右边两列的内容显示、数字最右边一列的内容显示、数字完全消失。

　　编写程序,代码如下:

```
from microbit import *

number1=Image("00000:"
              "00009:"
              "00009:"
              "00009:"
              "00000")

number2=Image("00009:"
              "00090:"
              "00090:"
              "00090:"
              "00009")

number3=Image("00099:"
              "00900:"
              "00900:"
              "00900:"
              "00099")

number4=Image("00990:"
              "09009:"
              "09009:"
              "09009:"
              "00990")

number5=Image("09900:"
              "90090:"
              "90090:"
              "90090:"
              "09900")

number6=Image("99000:"
              "00900:"
              "00900:"
              "00900:"
              "99000")

number7=Image("90000:"
              "09000:"
```

```
                       "09000:"
                       "09000:"
                       "90000")

number8=Image("00000:"
              "90000:"
              "90000:"
              "90000:"
              "00000")

number9=Image("00000:"
              "00000:"
              "00000:"
              "00000:"
              "00000")

all_numbers=[number1, number2, number3, number4, number5, number6, number7, number8,
    number9]
display.show(all_numbers, delay=500)
```

运行程序，"移动的数字"动画画面如图 2.6 所示。

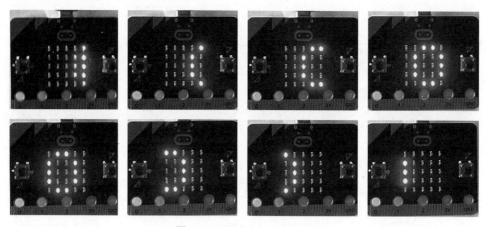

图 2.6 "移动的数字"动画

📋 复习思考题

（1）如何移动显示数字 2？

（2）如何移动显示大写字母 A？

（3）如何连续移动显示数字 23？

2.2 按钮

按钮是一种常用的电路控制元件，用来接通或断开电路，以达到控制电动机或其他电气设备运行的目的。

按钮分为常开按钮(开关触点断开的按钮)、常闭按钮(开关触点接通的按钮)、常开常闭按钮(开关触点既有接通也有断开的按钮)和动作点击按钮。例如常见的按钮主要有急停按钮、启动按钮、停止按钮、组合按钮(键盘)、点动按钮、复位按钮。

micro:bit最明显的输入方式是按钮,通过MicroPython程序编写可以用特定方式对按钮A和B以及它们的组合进行响应。

【例2.7】 按钮计数。

程序运行后,micro:bit睡眠1×10^4 ms(10s),在此期间,不断按下按钮A,10s时间后,LED点阵滚动显示按钮A被按下的次数。

编写程序,代码如下:

```
from microbit import *

sleep(10000)
display.scroll(str(button_a.get_presses()))
```

程序解析如下。

(1) 程序中的暂停(延迟),是指使用一段空循环消耗处理器的时间,即处理器在这段时间什么事情都不做,从而达到延迟的目的。sleep()函数的作用是让micro:bit睡眠一定量的时间(单位:毫秒)。如果想让程序暂停,可以通过这种方法实现。

(2) 开发板上的两个按钮分别称为button_a和button_b。程序中通过button_a对象的get_presses方法,获取在休眠状态下按钮A被按压次数的数字。

(3) 由于get_presses只能够提供数值,而display.scroll只显示字符,因此需要将数值转换为字符串,str()函数可以做到这一点(str表示string,它可以将其他信息转换成字符串)。

(4) 在此期间,若按钮A被按下10次,Python实现第三行代码的过程如下。

① Python理解了完整的行后,获取了get_presses的值:display.scroll(str(button_a.get_presses()))。

② Python知道按钮被按下的次数后,将数值转换成字符串:display.scroll(str(10))。

③ 最终,Python得知通过显示器应滚动显示的内容:display.scroll("10")。

小贴士

get_presses()的作用是返回按钮被按下的总次数,并在返回前重置该数值为0。

按钮的方法还有is_pressed()和was_pressed(),它们经常作为判断条件。

is_pressed()的作用是若指定按钮被按下则返回True,否则返回False。

was_pressed()的作用是表示自设备启动或上次调用此方法以来该按钮是否曾被按下,"是"返回True,"否"返回False。

在"睡眠"时间内按5次"按钮计数"的结果如图2.7所示。

图 2.7　按钮计数的结果

复习思考题

（1）如何用 display.show 编写程序？

（2）对比两种方法的效果。

第3章 编程基础

学习目标

本章重点学习控制程序流程，以及循环和分支结构的编程方法。

学习要求

（1）了解变量、值、类型、结构体、随机函数的基本概念。

（2）掌握 while 和 for 循环、if 语句的程序编写。

在编写复杂程序时，需要用到变量并进行程序流程控制，控制程序流程包括循环和分支。

3.1 变量

常量是在某一变化 的不变的量，例如一天有 24 小时、圆周率约为 3.14 等。变量是在某一变化过程中，可以 πr^2 求各种半径的圆面积，这里 π 是常量，S 和 r 是变量。

在 Mu 编辑器中

```
from microbit in
```

单击 REPL 按钮

```
score=0
```

表示这是一个名字 on 只要看到 score，就会用值 0 来替换 score。

继续输入

```
print (score
```

结果如图 3.1 所

Python 是顺 必须先给它赋值，否则会报错。

如果想改变 值，如 score＝1，当再次执行 print(score)后，结果如图 3.2 所示。

小贴士

变量的 一致的，只是在计算机程序中，变量不仅可以是数字，还可以是

变量名 但不能用数字开头，不能使用 Python 关键字（如 if、for 等）。

Python 的命名习惯是使用小写字母，用"_"将单词分开，如 high_score＝100。变量的值可以是数字，也可以文字，甚至可以把同一个变量轮换赋值成数字和文字，如图 3.3 所示。当然，变量的当前值只能是一种类型。

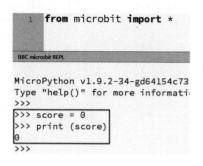

```
>>> high_score = 100
>>> print (high_score)
100
>>> high_score = "math"
>>> print (high_score)
math
>>>
```

图 3.1 变量 score   图 3.2 赋新值   图 3.3 变量的值为数字或文字

3.2 值和类型

当人们看到数字 8 时，不会关心它究竟是文字，还是数字。在 Python 中，每个数据都有特定的类型，这样 Python 才知道该如何处理。通过 type()函数就可以看到 Python 数据的类型，如图 3.4 所示。

```
>>> type (8)
<class 'int'>
>>> type ("8")
<class 'str'>
```
图 3.4 数据类型

图 3.4 中，第 1 行的 8 是 int（整数 integer 的简写）数据类型，第 3 行中的 8 是 str（字符 string 的简写）数据类型，Python 认为整数 8 和字符 8 是不同的，它们的运算结果如图 3.5 所示。

图 3.5 中，第 1 行将两个数字 8 加在一起，而第 3 行却是将两个字符"8"合并在一起。由此可见，区分值的类型非常重要，如果出错，将会得到非常奇怪的结果。图 3.6 显示更多的类型。

```
>>> 8+8
16
>>> "8"+"8"
'88'
```
图 3.5 不同数据类型的运算

```
>>> type (8.0)
<class 'float'>
>>> type (8>9)
<class 'bool'>
```
图 3.6 浮点数和布尔类型

图 3.6 中，第 1 行输出的是 float（一个浮点数表示一个实数，小数点位置不固定），第 3 行输出的是 bool（布尔类型，只有两个值：True 和 False）。

1. 数值

数据的具体类型决定了 Python 可以执行哪些操作，数值（包括 int 和 float 类型）可以有两种操作类型：比较和数值操作。

（1）比较。比较需要两个操作数，返回值为 bool 型，如表 3.1 所示。

表 3.1 数值类型的比较操作

操　　作	含　　义	示　　例
＜	小于	9＜8(False)
＞	大于	9＞8(True)

续表

操　作	含　义	示　例
＝＝	等于	9＝＝9(True)
＜＝	小于或等于	9＜＝9(True)
＞＝	大于或等于	9＞＝10(False)
!＝	不等于	9!＝10(True)

可以在 Python 解释器中输入任何操作符进行验证,如图 3.7 所示。

```
>>> 9>=8
True
>>> 9!=10
True
>>> number_1 = 3
>>> print (number_1)
3
>>> number_2 = number_1**2
>>> print (number_2)
9
```

图 3.7　操作符验证与数值操作

(2) 数值操作。数值操作返回一个数值类型,如表 3.2 所示。

表 3.2　数值操作

操　作	含　义	示　例
＋	加	2＋2＝＝＞4
－	减	3－2＝＝＞1
＊	乘	2 ＊ 3＝＝＞6
/	除	10/5＝＝＞2
%	求余	5％2＝＝＞1
＊＊	乘方	4＊＊2＝＝＞16
int()	转换为 int 型	int(3.2)＝＝＞3
float()	转换为 float 型	float(3)＝＝＞3.0

在程序中使用数值运算,通常都将其返回值赋值给某个变量,如图 3.7 所示。

2. 字符串

字符串类型可以保存任何文字,包括单个数据和一组字母。创建字符串只需要将数据用“'”或者“'”括起来即可。在 Python 中,两者都可以。首选后者,因为它可以处理含有“'”的字符串。

 小贴士

在 Python 3 中,字符串的编码格式为 Unicode,因此 Python 的字符串支持多种语言。

当源代码中包含中文时,就必须指定保存为 UTF-8 编码,通常在文件开头写上以下两行:

```
#!/usr/bin/env python3
#-*-coding: utf-8-*-
```

其中，第 1 行注释是为了告诉 Linux 或 macOS X 系统，这是一个 Python 可执行程序。第 2 行注释是为了告诉 Python 解释器，按照 UTF-8 编码读取源代码，否则在源代码中写的中文输出可能会有乱码。

此外，还要确保文本编辑器正在使用 UTF-8 编码。

与数值类型相似，Python 提供了一些字符串操作方法，如表 3.3 所示。图 3.8 是在 Python 解释器中的部分结果。

表 3.3　字符串操作

操 作	含 义	示 例
string[x]	获取第 $x+1$ 个字符	"abcde"[1]==>"b"
string[$x:y$]	获取所有从 $x+1$ 到 y 的字符	"abcde"[1:3]==>"bc"
string[$:y$]	获取从字符串开始到第 y 个的字符	"abcde"[:3]==>"abc"
string[$x:$]	获取从第 $x+1$ 个开始到字符串结束的字符	"abcde"[3:]==>"de"
len(string)	返回字符串长度	len("abcde")==>5
string+string	合并两个字符串	"abc"+"def"==>"abcdef"

注：在 Python 中，计数从 0 开始，所以对应人类语言变为 $x+1$。

```
>>> "abcde"[1:3]
'bc'
>>> "abcde"[:3]
'abc'
>>> "abcde"[3:]
'de'
```

图 3.8　字符串操作验证

3. 布尔值

布尔类型非常简单，只有 True 和 False 两种取值。

在 Python 中，这两个值的首字母要大写，并且不需要"!"。

这两个值通常不存在变量中。

它们通常用于条件语句（如 if）的判断条件中，其主要操作符是与（and）、或（or）和非（not）。

● 非：简单地取值转换。

● 与：需要两个操作数，如果两个数都为真，则返回 True，否则，返回 False。

● 或：也需要两个操作数，如果两个数中任何一个为真，则返回 True。

True 和 False 的操作结果如图 3.9 所示。

4. 数据类型转换

使用函数 int()、float() 和 str() 可以转换数据类型。它们分别将其他数据类型转换为整数、浮点数

```
>>> not True
False
>>> not False
True
>>> True and False
False
>>> True and True
True
>>> False and False
False
>>> True or False
True
>>> True or True
True
>>> False or False
False
```

图 3.9　True 和 False 的操作结果

和字符串。但是它们相互之间不能随意转换，如果将浮点数转为整数，Python 将舍去所有小数部分。

当字符串中只有一个字符时，才能转换成数字，而其他类型几乎都可以转换成字符串。

3.3　结构体

除了简单数据类型，Python 还允许将数据用不同方式组合起来创建结构体。

1. 列表和元组

最简单的结构体是 sequences(线性结构)，它将信息一个接一个地存储起来，sequences 分为两类：list(列表)和 tuple(元组)。

list(列表)是一种有序的集合，可以随时添加和删除其中的元素。tuple(元组)与 list 非常类似，但是 tuple 一旦初始化就不能修改。

用"[]"将数字括起来可构成列表，用"()"将数字括起来可构成元组。在结构体名后面跟"[]"，并在其中填入下标就可以访问单个元素。

注意：下标从 0 开始，因此 list_1[0] 和 tuple_1[0] 可以访问线性结构中的第一个元素。

大多数情况下，list 和 tuple 是相似的，如图 3.10 所示。

但是，在更新元素时就会发现列表和元组之间的差别：可以更新列表中的单个元素，但不能更新元组中的单个元素，如图 3.11 所示。

如果想更新元组中的单个元素，可以在一次性覆盖元组中的所有元素时，告诉 Python 将变量 tuple_1 赋一个新值以取代旧值，如图 3.12 所示。

```
>>> list_1 = [1,2,3,4]
>>> tuple_1 = (1,2,3,4)
>>> list_1[1]
2
>>> tuple_1[1]
2
```

图 3.10　list 与 tuple 的相似处

字符串的操作符可以用于列表和元组，具体方法参考表 3.3，部分操作如图 3.13 所示。

```
>>> list_1[1] = 88
>>> list_1
[1, 88, 3, 4]
>>> tuple_1[1] = 88
Traceback (most recent call last):
  File "<stdin>", line 1, in <module>
TypeError: 'tuple' object does not support item assignment
```

图 3.11　用 list 与 tuple 更新单个元素时的差别

```
>>> tuple_1 = (1,88,3,4)              >>> len(list_1)
>>> tuple_1                           4
(1, 88, 3, 4)                         >>> tuple_1[:3]
                                      (1, 88, 3)
```

图 3.12　用 tuple 更新元素　　　　　图 3.13　用 list 与 tuple 进行字符串操作

2. 列表操作方法

列表的操作方法如表 3.4 所示。

表 3.4　列表操作方法

操　作	含　义	示　例
list.append(item)	添加元素到列表尾部	list_1.append(0)
list.extend(list_2)	合并 list_2 到列表尾部	list_1.extend([0,−1])
list.insert(x,item)	插入元素到第 $x+1$ 个位置	list_1.insert(1,88)
list.sort()	排序列表	list_1.sort()
list.index(item)	返回列表中第一次出现该元素的位置	list_1.index(0)
list.count(item)	计算列表中该元素出现的次数	list_1.count(0)
list.remove(item)	删除列表中第一次出现的该元素	list_1.remove(0)
list.pop(x)	返回并删除第 $x+1$ 个元素	list_1.pop(1)

注：在 Python 中，计数从 0 开始，所以对应人类语言多为 $x+1$。

前 7 个操作的结果如图 3.14 所示，它们中有些返回一个值，有些改变了 list_1 的值，有些改变了元素的顺序。

pop(x)比较特殊，首先，它返回列表中第 $x+1$ 个位置的元素值，随后从列表中删除该元素，如图 3.15 所示。

```
>>> list_1 = [1,2,3,4]        >>> list_1.sort()
>>> list_1.append(0)          >>> list_1
>>> list_1                    [-1, 0, 0, 1, 2, 3, 4, 88]       >>> list_1
[1, 2, 3, 4, 0]               >>> list_1.index(0)              [-1, 0, 1, 2, 3, 4, 88]
>>> list_1.extend([0,-1])     1                                >>> out = list_1.pop(1)
>>> list_1                    >>> list_1.count(0)              >>> out
[1, 2, 3, 4, 0, 0, -1]        2                                0
>>> list_1.insert(1,88)       >>> list_1.remove(0)             >>> list_1
>>> list_1                    >>> list_1                       [-1, 1, 2, 3, 4, 88]
[1, 88, 2, 3, 4, 0, 0, -1]    [-1, 0, 1, 2, 3, 4, 88]
```

图 3.14　列表操作结果　　　　　　　图 3.15　pop(x)的操作结果

3. 元组操作方法

元组除了不能被修改外，其他与列表非常类似。所有对列表的操作方法，只要不改变元素的值，都可以用于元组；如果改变了元素的值，则出现错误信息，如图 3.16 所示。

4. 字典

列表和元组是元素的集合，每个元素都对应了其中的一个下标。在列表["a","b","c","d"]中，a 的下标是 0，b 的下标是 1，以此类推。

如果要创建一个数据结构，把学号与名字关联起来，就要用到字典（dictionary，简称 dict）。Python

```
>>> tuple_1 = (1,2,3,4)
>>> tuple_1.index(1)
0
>>> tuple_1.sort()
Traceback (most recent call last):
  File "<stdin>", line 1, in <module>
AttributeError: 'tuple' object has no attribute 'sort'
```

图 3.16　对元组的操作

内置的字典使用键-值(key-value)存储,具有极快的查找速度。

> **小贴士**
>
> 　dict 的实现原理和查字典是一样的。
> 　假设字典包含了 1 万个汉字,要查某个字时,一种办法是把字典从第一页往后翻,直到找到想要的字为止,这种方法就是在 list 中查找元素的方法,list 越大,查找越慢。第二种方法是先在字典的索引表里(比如部首表)查这个字对应的页码,然后直接翻到该页,找到这个字。无论找哪个字,这种查找速度都非常快,不会随着字典大小的增加而变慢。dict 就是用第二种实现方式。

在 Python 中,可以使用通过"{}"来定义的字典,如图 3.17 所示。

```
>>> name = {"8108311" : "Mary", "8108312" : "John"}
```

图 3.17　定义字典

字典中的元素称为键值对,其中第一部分是键(key),第二部分是值(value)。只需要给定一个新键及其对应的值,就可以在字典中添加新元素,如图 3.18 所示。

```
>>> name["8108310"] = "Hein"
>>> name
{'8108312': 'John', '8108310': 'Hein', '8108311': 'Mary'}
```

图 3.18　添加新元素

> **小贴士**
>
> 　dict 的特点如下:
> ● 查找和插入的速度极快,不会随着 key 的增加而变慢。
> ● 需要占用大量的内存,内存浪费多。
> 　list 的特点如下:
> ● 查找和插入的时间随着元素的增加而增加。
> ● 占用空间小,浪费内存很少,所以 dict 是用空间来换取时间的一种方法。

5. 集合

与列表和元组使用下标、字典使用键不同,Python 的集合(set)允许将一堆数据放在一起而不用指定下标或序号。

集合 set 和字典 dict 的唯一区别仅在于没有存储对应的 value,Python 用于集合的操作方法如表 3.5 所示。

表 3.5　集合的操作方法

操　　作	含　　义
item in set_1	测试给定的值是否在集合中
set_1 & set_2	返回两个集合共有的元素
set_1 | set_2	合并两个集合中的元素
set_1 − set_2	set_1 中存在 set_2 中不存在的元素
set_1 ^ set_2	set_1 或 set_2 中存在的元素,不包括两个集合共有的元素

对两个集合 herbs 和 spices 的上述操作结果如图 3.19 所示。

```
>>> herbs = {'thyme','dill','corriander'}
>>> spices = {'cumin','chilli','corriander'}
>>> "thyme" in herbs
True
>>> herbs & spices
{'corriander'}
>>> herbs | spices
{'chilli', 'cumin', 'corriander', 'dill', 'thyme'}
>>> herbs - spices
{'thyme', 'dill'}
>>> herbs ^ spices
{'chilli', 'cumin', 'dill', 'thyme'}
...
```

图 3.19　集合操作结果

3.4　控制程序流程

控制程序流程包括循环和分支。

如果需要让程序等待某事件发生,就需要围绕一段代码定义循环,这段代码定义了如何对某些预期事件(例如按下按钮)作出反应。

3.4.1　while 循环

while 循环是一种最简单的循环,关键字 while 用来判断条件是否为真。如果是,它会运行一个代码块,这个代码块称为循环体;如果不是,则中断循环(忽略这个循环体),程序的其余部分继续执行。

如果条件始终为真,它将一直循环下去,直到条件为假,如图 3.20 所示是一个简单的例子。

```
>>> while True:
...     print("Hein is handsome")
...
Hein is handsome
Hein is handsome
Hein is handsome
```

图 3.20　while 循环

 小贴士

条件后面要加上“:”,接下来的一行要缩进,所有缩进部分都属于循环体。

要在 REPL 中运行这段代码,必须在输入 print 语句之后按回车(Enter)键,然后按退格(Backspace)键删掉自动产生的 Tab(缩进)符,最后再按回车键。

图 3.20 中的矩形框部分就是用退格键删掉缩进的部分。

最后按回车键是告诉 Python 循环体结束并执行这段代码。

这段代码会陷入死循环,不断地执行 print()语句。按 Ctrl+C 组合键可以将其终止。

为了不陷入死循环,通常需要一个或多个变量在循环内部改变判断条件,使程序最终能够跳出循环。

【例 3.1】　while 循环。

编写程序,代码如下:

```
from microbit import *

while running_time()<10000:
    display.show(Image.ASLEEP)

display.show(Image.SURPRISED)
```

🗨小贴士

running_time()函数的作用是在设备启动后返回时间,单位为毫秒(ms)。

语句 while running_time()<10000 检查运行时间是否小于 1×10^4 ms(即 10s)。

如果是,则属于事件执行范围,设备将会显示 Image.ASLEEP(睡眠)。

若运行时间大于或等于 1×10^4 ms,即 running_time()小于 1×10^4 ms,则 while 条件不成立。

在这种情况下,循环终止,程序将会继续执行 while 循环之后的代码块,显示 Image.SURPRISED。

看起来像是设备休眠 10s 后,露出"惊喜"的表情。

单击"刷入"按钮,10s 前与 10s 后在 micro:bit 上显示结果如图 3.21 所示。

(a) 10s前执行循环中语句　　　　　(b) 10s后执行循环外语句

图 3.21　while 循环中的条件判断

【例 3.2】　动画-闪烁的星星。

夏天的晚上,人们经常看到天上的星星闪闪发光,非常好看。联欢晚会的舞台上,灯光配合舞者的动作闪烁的效果赏心悦目。如何通过 micro:bit 实现闪烁的效果呢?

由于在图案库里面没有星星的图案，所以必须自己绘制，星星的图像绘制出来后，如何实现闪烁呢？

把闪烁的现象通过慢动作来分析后会发现，星星闪烁实际上就是星星亮一段时间灭一段时间；因其不是闪烁一次就结束了，所以就需要使用循环让它一直执行下去。

编写程序，代码如下：

```
from microbit import *

while True:
    star=Image("00900:"
                "09990:"
                "99999:"
                "09990:"
                "00900")
    display.show(star)
    sleep(2000)
    display.clear()
    sleep(2000)
```

小贴士

永久循环语句 while True 的使用：

如果要运行某代码块，while 会检查该事件是否为 True，由于 True 事件永久为 True，这样，一个永久循环就实现了。

display 的 clear 方法将 LED 显示屏中每个像素的亮度置 0（将灯熄灭）。

单击"刷入"按钮，"闪烁的星星"效果如图 3.22 所示。

(a) 明亮的星星　　　　　　　(b) 暗淡的星星

图 3.22　永久循环

复习思考题

（1）如果不用 clear 方法，该如何实现相应的功能呢？

（2）如果不把灯熄灭，而是显示相似的图案，效果又怎么样呢？

3.4.2 for 循环

for 循环可以用来遍历数据,它在每次循环中实现对每个数据的处理,如图 3.23 所示。

```
>>> for i in range(1,6):
...     print (i, "times sever is", i*7)
...
1 times sever is 7
2 times sever is 14
3 times sever is 21
4 times sever is 28
5 times sever is 35
```

图 3.23　for 循环代码与执行结果

循环中,$rang(x,y)$ 遍历 $x \sim y-1$ 的每个数据。

$rang(x,y,z)$ 的第三个参数 z,可以设定两个连续数字之间的间隔。例如把 range(1,6) 改成 range(1,6,2),它将只计算 1～5 的所有奇数;把 range(1,6) 改成 range(2,6,2),它将只计算 1～5 的所有偶数,如图 3.24 所示。

```
>>> for i in range(1,6,2):
...     print (i, "times sever is", i*7)
...
1 times sever is 7
3 times sever is 21
5 times sever is 35
>>> for i in range(2,6,2):
...     print (i, "times sever is", i*7)
...
2 times sever is 14
4 times sever is 28
```

图 3.24　range 第三个参数的作用

3.4.3 分支语句

Python 使用分支来控制程序流,使其根据不同条件,分别执行不同的代码。分支由 if 语句实现。

> **小贴士**
>
> 　类似 while 循环,if 语句的执行只需要一个布尔类型的条件,它后面还可以有附加语句,如 elif(else if 的缩写)和 else 语句。
>
> 　if 语句可以不带 elif 或 else。
>
> 　如果没有 else 语句,同时判断条件也不成立,Python 就会跳过 if 语句,不执行其中的任何代码。
>
> 　一个 if 语句最多只执行一段代码,只要 Python 发现条件为真,就执行该段代码并结束整个 if 语句。
>
> 　如果没有一个条件为真,则执行 else 后面的代码段。

如果希望 MicroPython 对按下按钮事件做出反应,应该把它放入一个永久循环并检查按钮是否 is_pressed(被按下)。

【例 3.3】 指示按钮。

做一个方向指示按钮,实现按下左边的按钮(按钮 A)指向左边,按下右边的按钮(按钮 B)指向右边，不按的时候，没有指示。

编写程序，代码如下：

```
from microbit import *

while True:
    if button_a.is_pressed():
        display.show(Image.ARROW_W)
    elif button_b.is_pressed():
        display.show(Image.ARROW_E)
```

单击"刷入"按钮，效果如图 3.25 所示。

(a) 按下按钮A   (b) 按下按钮B

图 3.25　指示按钮

【例 3.4】　按钮检测。

编写程序，显示按下的对应按钮。

```
from microbit import *

while True:
    if button_a.is_pressed() and button_b.is_pressed():
        display.scroll("AB")
        break
    elif button_a.is_pressed():
        display.scroll("A")
    elif button_b.is_pressed():
        display.scroll("B")
    sleep(100)
```

小贴士

　　Python 中可以使用逻辑运算符与（and）、或（or）、非（not）来检查多重判断语句。

　　非运算就是简单地转换取值；与运算需要两个操作数，如果两个操作数都为真，则返回真，否则，返回假；或运算也需要两个操作数，如果两个操作数中任何一个为真，则返回真。

　　程序代码中的 and 表示与运算，即按钮 A 与按钮 B 同时按下。

break 的作用是跳出上一层的循环而执行该循环后面的语句。

通常 break 语句总是与 if 语句连在一起,即满足条件时便跳出循环。

单击"刷入"按钮,分别按下按钮 A 和按钮 B 的效果如图 3.26 所示,当同时按下按钮 A 和 B 时,滚动显示 AB。

(a) 按下按钮A   (b) 按下按钮B

图 3.26 按钮显示对应的按钮

📋 **复习思考题**

代码中,将 break 放置在"A"或"B"语句的下面会发生什么情况?

【例 3.5】 忧伤的宠物。

编写程序,代码如下:

```python
from microbit import *

while True:
    if button_a.is_pressed():
        display.show(Image.HAPPY)
    elif button_b.is_pressed():
        break
    else:
        display.show(Image.SAD)
display.clear()
```

🔖 **小贴士**

is_pressed 方法仅产生两个结果:True 或 False。按下按钮后,系统要么返回 True,要么返回 False。

这只宠物总是很悲伤,显示"悲伤"的表情,除非按下按钮 A,当按钮 A 被按下时,永久循环显示"高兴"的表情。

当按钮 B 被按下时,通过 break 语句终止该循环。

循环终止后,执行循环外的 display.clear() 语句,对显示屏做 clear(清除)。

单击"刷入"按钮，效果如图 3.27 所示。

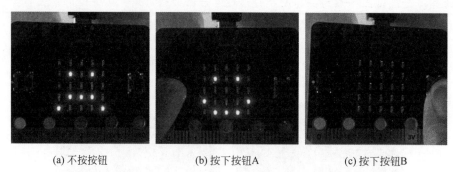

(a) 不按按钮　　　　　　　(b) 按下按钮A　　　　　　　(c) 按下按钮B

图 3.27　按钮检测表情效果

📝复习思考题

玩过这个游戏后，有什么办法改善这个游戏？

【例 3.6】　倒计时器。

在每年除夕的夜晚，都会有很多地方举行春节倒计时活动；又如，商家经常举办促销活动倒计时以及红绿灯倒计时等。虽然它们表现的方式不太一样，但都属于倒计时器。

想要实现倒计时，就需要一个变量，通过它不断改变数值并显示出来，实现倒计时数的改变。如果倒计时的数超过 1 位数的话，就需要移动显示，不利于观察。下面制作一个简单的 9～0 的倒计时器。

编写程序，代码如下：

```
from microbit import *

shijian=9
while True:
    display.show(shijian)
    sleep(2000)
    shijian=shijian-1
    if shijian==0:
        display.show(Image.HAPPY)
        sleep(5000)
        shijian=9
```

🐱小贴士

程序开始时设置变量 shijian，并给它赋初始值 9（倒计时从 9 开始）。

在循环中，每隔 2s，变量 shijian 的值减少 1（实现倒计时）。

通过 if 语句判断变量 shijian 的值是否为 0，如果为 0 则显示"笑脸"。

等待 5s 之后，把变量 shijian 重新设置为 9，重新开始倒计时，一直这样循环进行。

单击"刷入"按钮，倒计时从 9 开始，到 0 显示"笑脸"图案，不断循环显示，部分效果如图 3.28 所示。

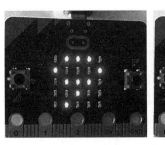

图 3.28 倒计时器的部分状态

复习思考题

(1) 如何实现 0~9 的正计时?

(2) 如何实现不是开机就从数字 9 开始,而是按下按键 A 之后才会从 9 开始,之后一直重复执行?

3.4.4 循环嵌套

在进行程序编写时,经常会遇到需要同时遍历多种数据的情况,这时就要用到循环嵌套。

小贴士

编写循环嵌套时要注意缩进级别:

第一个循环体的缩进为 1,第二个循环体的缩进为 2。只有这样,Python 才能理解哪些代码属于第几个循环体以及每个循环体在何处结束。

在 REPL 窗口中输入如图 3.29 所示的程序,用来找出 1~10 中的所有素数。

按退格键后再按回车键,结果如图 3.30 所示。

```
>>> for i in range (1,10):
...     is_prime = True
...     for k in range (2,i):
...         if (i%k) == 0:
...             print (i, " is divisible by ", k)
...             is_prime = False
...     if is_prime:
...         print (i, " is prime ")
...
```

图 3.29 找出 1~10 的所有素数的程序

```
...
1 is prime
2 is prime
3 is prime
4 is divisible by  2
5 is prime
6 is divisible by  2
6 is divisible by  3
7 is prime
8 is divisible by  2
8 is divisible by  4
9 is divisible by  3
>>>
```

图 3.30 找出 1~10 的所有素数

小贴士

运行嵌套循环时可能会使程序变慢:

例如计算 3000 以内的素数(只需要将上述程序第一行中的 10 改成 3000 即可),程序运行就会用非常长的时间。

> 这是因为外层循环要循环上千次，每次进入内层循环也需要执行很多次。
>
> 如果正在做这个实验，会发现整个程序运行起来很慢。

如果不想等待，可以按 Ctrl＋C 组合键停止运行。通过下面的方法可以改进该程序：首先使用 range(1,3000,2) 跳过所有的偶数，这样就直接省去一半时间；其次，在 if 里面增加语句 break，一旦发现某个数字是非素数，就使用 break 跳出循环，继续执行下面一行(if is_prime:)。程序如图 3.31 所示。

```
>>> for i in range (1,3000,2):
        is_prime = True
        for k in range (2,i):
            if (i%k) == 0:
                print (i, "  is divisible by ", k)
                is prime = False
                break
        if is_prime:
            print (i, " is prime ")
```

图 3.31　程序优化

3.5　随机函数

随机性意味着无法准确预测。例如，在玩骰子的时候，人们不知道会看到 6 个面上的哪个点数；再如，在抽奖的时候，主持人从抽奖箱里随机抽取一个数字，拿到同样数字的观众就中奖了。这样的数字就是随机数。

如果想让事情偶然发生或者稍微打乱顺序，就需要使用随机函数产生随机行为。MicroPython 的 random 库(模块)可以引入随机性，只要使用代码 import random 即可。下面通过一个简单的例子进行说明。

【例 3.7】　随机数字。

编写程序，代码如下：

```
from microbit import *
import random

display.show(str(random.randint(1, 6)))
```

小贴士

MicroPython 有几个很有用的生成随机数字的方法，包括 random.randint、random.randrange、random.random 等。

random.randint(a,b)：返回两个参数 a、b 之间的自然数 N($a \leqslant N \leqslant b$)。

random.randrange(N)：返回 0～N 的自然数(不包含 N)。

random.random 生成一个带小数点的数字，返回 0.0～1.0 的浮点数。

随机数种子用于生成伪随机数的初始数值，通过 random.seed 实现。

复习思考题

如何产生大于1的随机浮点数?

【例3.8】 随机骰子。

骰子是中国古代民间娱乐用来投掷的博具,早在战国时期就有。在游戏时经常会用到骰子,如麻将、牌九。另外,有很多桌游都以骰子的点数来决定任务角色行走的步数。最常见的骰子有6个面,它是一个正立方体,每面分别有1~6个点(或数字),其相对两面的数字之和为7。

想要实现随机骰子,首先需要一个能够产生1~6的随机数,然后每一个数对应骰子的一面,把对应的图案通过LED点阵显示出来;同时,每次产生随机数之前,需要通过按钮被按下来触发实现。

编写程序,代码如下:

```
from microbit import *
import random

number1=Image("00000:"
              "00000:"
              "00900:"
              "00000:"
              "00000")

number2=Image("00000:"
              "00900:"
              "00000:"
              "00900:"
              "00000")

number3=Image("00000:"
              "09000:"
              "00900:"
              "00090:"
              "00000")

number4=Image("00000:"
              "09090:"
              "00000:"
              "09090:"
              "00000")

number5=Image("00000:"
              "09090:"
              "00900:"
              "09090:"
              "00000")
```

```
number6=Image("09090:"
              "00000:"
              "09090:"
              "00000:"
              "09090")

while True:
    if button_a.was_pressed():
        temp=random.randint(1, 6)
        if temp==1:
            display.show(number1)
        elif temp==2:
            display.show(number2)
        elif temp==3:
            display.show(number3)
        elif temp==4:
            display.show(number4)
        elif temp==5:
            display.show(number5)
        elif temp==6:
            display.show(number6)
```

小贴士

通过 Image 自定义 1~6 点的骰子。

设置变量 temp，用于放置产生的随机数。

根据变量 temp 的值，显示对应的骰子。

单击"刷入"按钮，按下按钮 A 产生随机骰子，部分效果如图 3.32 所示。

图 3.32　随机掷骰子

复习思考题

（1）如何实现随机显示√和×？

（2）用点阵显示石头剪刀布，然后两位同学进行游戏，看谁获胜的次数多。

【例 3.9】 燃烧的火焰。

编写程序,代码如下:

```
from microbit import *
import random

i=Image("00000:" * 5)
intensity=0.5

while True:
    display.show(i)
    sleep(100)
    if accelerometer.was_gesture("shake"):
        intensity=1
    i=i.shift_up(1) * intensity
    intensity *=0.98
    for x in range(5):
        i.set_pixel(x, 4, random.randint(0,9))
```

小贴士

- 代码 i=Image("00000:" * 5)的作用与 Image("00000:00000:00000:00000:00000")相同,写法更简洁。
- 代码 intensity=0.5 的作用是设置摇晃强度的初始值。
- 代码 accelerometer.was_gesture("shake")检测是否摇晃 micro:bit(将在第 4 章详细介绍),如果摇晃,则将摇晃强度设置为 1。
- 代码 i=i.shift_up(1) * intensity 的作用是将图像向上平移一个单位,并且亮度降低为之前的 0.98 倍。
- 对应于类 shift_up,还有 shift_down、shift_left 和 shift_right。
- 在 5 次 for 循环中,每一次循环,第 4 行第 x 个 LED 的亮度会随机变化。

类 set_pixel(x,y,value)的作用是设置像素在 x 列和 y 行处的亮度为 value,该值必须为 0(暗)~9(亮)。

单击"刷入"按钮,摇动 micro:bit,从下到上的 LED 点阵由明到暗不断闪动,部分效果如图 3.33 所示。

【例 3.10】 使用相同的 seed 值。

编写程序,代码如下:

```
from microbit import *
import random

for i in range(5):
    random.seed(10)
    print(random.random())
```

图 3.33 "燃烧的火焰"效果

在 REPL 中观察效果，如图 3.34 所示。

【例 3.11】 使用不同的 seed 值。

编写程序，代码如下：

```
from microbit import *
import random


random.seed(10)
for i in range(5):
    print(random.random())
```

在 REPL 中观察效果，如图 3.35 所示。

```
>>> import random
>>> for i in range(5):
...     random.seed(10)
...     print(random.random())
...
0.0
0.0
0.0
0.0
0.0
```

图 3.34 使用相同的 seed 值

```
>>> random.seed(10)
>>> for i in range(5):
...     print(random.random())
...
0.0
0.999999
0.333339
0.200107
0.0693827
```

图 3.35 使用不同的 seed 值

【例 3.12】 不使用随机数种子。

编写程序，代码如下：

```
from microbit import *
import random


for i in range(5):
    print(random.random())
```

在 REPL 中观察效果，如图 3.36 所示。

```
>>> for i in range(5):
...     print(random.random())
...
0.999999
0.333339
0.200107
0.0693827
0.516754
```

图 3.36 不使用 seed

小贴士

seed()函数用于指定随机数生成时所用算法开始的整数值:

如果使用相同的 seed()函数指定的值,则每次生成的随机数都相同。

如果不设置这个值,则系统根据时间来自己选择这个值,生成自己的种子,此时每次生成的随机数因时间差异而不同。

设置的 seed()函数指定的值仅一次有效。

复习思考题

什么场合下会使用相同的 seed?

第4章 内置传感器

 **学习目标**

本章重点学习 micro:bit 内置传感器的使用方法。

学习要求

(1) 了解光线传感器、温度传感器、加速度传感器和磁场传感器的使用方法。

(2) 掌握传感器的程序编写以及使用 micro:bit 内置传感器、LED 点阵、按钮进行游戏开发的基本方法。

传感器(transducer 或 sensor)是一种检测装置,能检测出被测量的数据,并将该数据按一定规律变换成为电信号或其他所需形式的信息进行输出,以满足信息的传输、处理、存储、显示、记录和控制等要求。

传感器的特点是微型化、数字化、智能化、多功能化、系统化、网络化,是实现自动检测和自动控制的首要环节。传感器的存在和发展,让物体有了"触觉""味觉""嗅觉"等感官,让物体慢慢变得"活"了起来。通常根据其基本感知功能分为热敏元件、光敏元件、气敏元件、力敏元件、磁敏元件、湿敏元件、声敏元件、放射线敏感元件、色敏元件和味敏元件等十大类。

传感器早已渗透到工业生产、宇宙开发、海洋探测、环境保护、资源调查、医疗诊断、生物工程、文物保护等极其之泛的领域。可以毫不夸张地说,从茫茫太空到浩瀚海洋,各种复杂的工程系统和现代化项目都离不开各种各样的传感器。

4.1 光线传感器

夏天中午的太阳很刺眼,夜晚的路灯很昏暗;阅读的灯比较明亮,小夜灯柔和暗淡。这些光的明暗程度不一样,亮暗与否仅仅是通过人的主观感受来判断。有没有一种设备能直接检测亮度呢?

光线感应器(light sensor)又称亮度感应器,被很多平板计算机和手机等手持设备配备。一般屏幕上方,能根据目前的光线亮度,自动调节屏幕亮度,给使用者带来最佳的视觉体验。

【例 4.1】 光线监测器。

光线监测器的作用是感应周围环境的明暗,并把数值显示出来。实际上,micro:bit 主控板上没有单独的光线传感器,但是它的 LED 点阵既可用于显示,又能感应外界光线的明暗(其值为 0~255,数字越大,表示光线越强),因此可以把它当作光线传感器使用。知道了光线强度之后,通过 LED 点阵可以进行亮度值的显示。

编写程序,代码如下:

```
from microbit import *

while True:
    temp=display.read_light_level()
```

```
display.scroll(temp)
sleep(1000)
display.show(Image.HAPPY)
sleep(1000)
```

小贴士

传感器的范围为 0~255,所以显示的数值最小为 0,最大为 255。

通过语句 display.read_light_level()读取亮度值,并将其赋值给变量 temp;

因为 display.scroll(temp)不断滚动显示亮度值,为了便于查看,使用了 sleep(1000)和 display.show(Image.HAPPY)。

单击"刷入"按钮,显示亮度值,1s 后显示"笑脸"。

复习思考题

(1) 想将显示数值的范围扩大为 0~1000,怎么办?

(2) 如何把最终显示的数值范围限制在 0~99?

(3) 如何把最终显示的数值范围确定为 50~600?

(4) 为什么把手放在 LED 点阵上,亮度显示 0 之后数值就变大了,而不是一直都显示 0?

4.2　温度传感器

温度传感器是指能感受温度并转换成可用输出信号的传感器,很显然,它也是一种输入设备。温度传感器是温度测量仪表的核心部分,品种繁多。按测量方式可分为接触式和非接触式两大类,按照传感器材料及电子元件特性分为热电阻和热电偶两类。温度传感器广泛应用于室内空调、电冰箱、微波炉等家用电器中。

实际上 micro:bit 的温度传感器检测到的是它的主芯片(CPU)的温度,只不过这个温度和它周围的环境温度差距不大,所以可以默认为是环境温度。把温度传感器感应到的温度数值通过 LED 点阵显示出来即可。

【例 4.2】　电子温度计。

与例 4.1 相似,通过 temperature()函数获取环境的温度(单位是摄氏度)并显示。

编写程序,代码如下:

```
from microbit import *

while True:
    temp=temperature()
    display.scroll(temp)
    sleep(1000)
    display.show(Image.HAPPY)
    sleep(1000)
```

单击"刷入"按钮，显示温度值，1s后显示"笑脸"。

> 📝 **复习思考题**
>
> （1）如何用华氏度把温度显示出来？
> （2）如何通过按钮切换温度显示的单位，分别使用华氏度和摄氏度？
> （3）如何通过按钮切换，实现亮度和温度都检测的功能？

4.3 加速度传感器

加速度传感器是一种能够测量物体加速度的传感器，通常由质量块、阻尼器、弹性元件、敏感元件和适调电路等部分组成。传感器在加速过程中，通过对质量块所受惯性力的测量，利用牛顿第二定律获得加速度值。根据传感器敏感元件的不同，常见的加速度传感器包括电容式、电感式、应变式、压阻式、压电式等。

4.3.1 移动

通过测量由于重力引起的加速度，可以计算出设备相对于水平面的倾斜角度。通过分析动态加速度，可以分析出设备移动的方式。

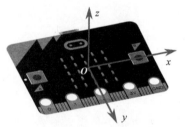

图 4.1　加速度的方向

micro:bit 主控板有 3 个加速度的方向，x 轴为左右倾斜，y 轴为前后倾斜，z 轴为上下移动。如图 4.1 所示，箭头所指方向为正，反之则为负，每个方向上的取值范围都是 $-1024 \sim 1024$，如果处于绝对的水平位置，则都为 0。

【例 4.3】　分别获取 x、y、z 轴方向加速度的值。

编写程序，代码如下：

```
from microbit import *

while True:
    x=accelerometer.get_x()
    y=accelerometer.get_y()
    z=accelerometer.get_z()
    print("x, y, z:", x, y, z)
    sleep(500)
```

> 💡 **小贴士**
>
> get_x()测量 x 轴的加速度，根据方向变化，产生对应的正整数或负整数。
> get_y()、get_z()的作用同 get_x()，分别测量 y 轴和 z 轴方向的加速度。
> get_values()同时测量所有坐标轴方向的加速度，并将它们放置在元组中。

单击"刷入"按钮和 REPL 按钮，晃动 micro:bit，在 REPL 窗口中观察结果，如果没有结果，按下 micro:bit 重启按钮，如图 4.2 所示。

【例 4.4】　获取 x、y、z 轴方向加速度的值并将其放置在元组中。

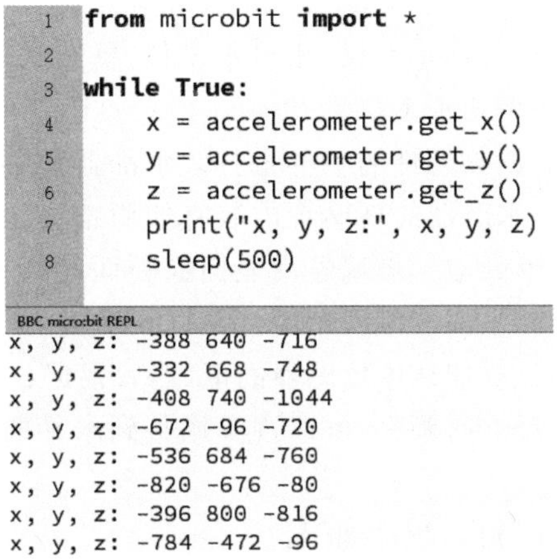

```
1  from microbit import *
2
3  while True:
4      x = accelerometer.get_x()
5      y = accelerometer.get_y()
6      z = accelerometer.get_z()
7      print("x, y, z:", x, y, z)
8      sleep(500)
```

```
BBC micro:bit REPL
x, y, z: -388 640 -716
x, y, z: -332 668 -748
x, y, z: -408 740 -1044
x, y, z: -672 -96 -720
x, y, z: -536 684 -760
x, y, z: -820 -676 -80
x, y, z: -396 800 -816
x, y, z: -784 -472 -96
```

图 4.2 分别获取 x、y 和 z 轴方向加速度的值

编写程序,代码如下:

```
from microbit import *

while True:
    result=accelerometer.get_values()
    print("Values:", result)
    sleep(500)
```

单击"刷入"按钮和 REPL 按钮,晃动 micro:bit,在 REPL 窗口中观察结果,如果没有结果,按下 micro:bit 的重启按钮,如图 4.3 所示。

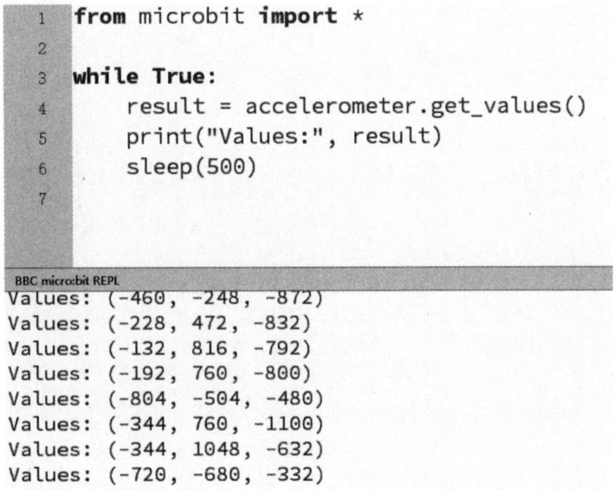

```
1  from microbit import *
2
3  while True:
4      result = accelerometer.get_values()
5      print("Values:", result)
6      sleep(500)
7
```

```
BBC micro:bit REPL
Values: (-460, -248, -872)
Values: (-228, 472, -832)
Values: (-132, 816, -792)
Values: (-192, 760, -800)
Values: (-804, -504, -480)
Values: (-344, 760, -1100)
Values: (-344, 1048, -632)
Values: (-720, -680, -332)
```

图 4.3 获取 x、y 和 z 轴方向加速度的值并将其放置在元组中

【例 4.5】 水平仪。

一般的建筑都是与水平面垂直的,这样才不会倒塌,对于很高的大厦,这一点更加重要,如果大厦倾斜过大,就会发生倒塌事故。地球是一个不规则的球体,表面有高山、平原、盆地、湖泊,面对几百米高的建筑,建筑工程师必须使用精度很高的水平仪,测量出地面是否是水平的。

水平仪是一种测量小角度的常用量具。在机械行业和仪表制造中,常用于测量与水平面的倾斜角、机床类设备导轨的水平度和垂直度、设备安装的水平位置和垂直位置等。按水平仪的外形可分为万向水平仪、圆柱水平仪、一体化水平仪、迷你水平仪、相机水平仪、框式水平仪、尺式水平仪；按水准器的固定方式可分为可调式水平仪和不可调式水平仪。

水平仪是以水准器作为测量和读数元件的一种量具。水准器是一个密封的玻璃管，内表面的纵断面为具有一定曲率半径的圆弧面。水准器的玻璃管内装有如酒精、乙醚及其混合体等黏度系数较小的液体，没有液体的部分通常称为水准气泡。玻璃管内表面纵断面的曲率半径与分度值之间存在着一定的关系，根据这一关系即可测出被测平面的倾斜角度。

想要实现水平仪的功能，需要读取加速度传感器的值，然后根据 x 轴和 y 轴数值的正负以及大小，确定倾斜的方向以及程度，随后向反方向调整，可以逐步调整到水平的位置。调整的方向越大，程序就越复杂。

简易水平仪只考虑 x 轴这一个方向，程序如下：

```python
from microbit import *

number1=Image("00000:"
              "00000:"
              "90000:"
              "00000:"
              "00000")

number2=Image("00000:"
              "00000:"
              "09000:"
              "00000:"
              "00000")

number3=Image("00000:"
              "00000:"
              "00900:"
              "00000:"
              "00000")

number4=Image("00000:"
              "00000:"
              "00090:"
              "00000:"
              "00000")

number5=Image("00000:"
              "00000:"
              "00009:"
              "00000:"
              "00000")
```

```
while True:
    reading=accelerometer.get_x()
    if reading<-500:
        display.show(number1)
    elif reading>=-500 and reading<-100:
        display.show(number2)
    elif reading>=-100 and reading<100:
        display.show(number3)
    elif reading>=100 and reading<500:
        display.show(number4)
    else:
        display.show(number5)
```

小贴士

定义 5 个图像，分别表示左倾很多、稍有左倾、水平、稍有右倾、右倾很多。

通过 accelerometer.get_x() 获取 x 轴加速度的数值，赋值给变量 reading。

读取 x 轴加速度的数值，对数值进行判断。

如果小于-500，显示向左倾斜较多。

如果大于或等于-500小于-100，显示向左倾斜较少。

如果大于或等于-100小于100，显示水平。

如果大于或等于100小于500，显示向右倾斜较少。

如果上面几种情况都不符合（即大于或等于500），显示向右倾斜较多。

单击"刷入"按钮，倾斜 micro：bit，效果如图 4.4 所示。

(a) 左倾斜较多

(b) 左倾斜较少

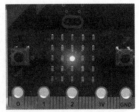
(c) 水平

(d) 右倾斜较少

(e) 右倾斜较多

图 4.4　水平仪的效果

📝**复习思考题**

（1）如何实现y轴方向的水平判断？

（2）z轴是表示主控板上下方向的，但是这个上下是怎么倾斜的呢？能通过程序去判断吗？

（3）制作一个x轴和y轴的指示方向，向哪边倾斜，箭头就向哪边指示。

4.3.2 手势检测

如果以某种方式移动micro:bit（作为某种手势），那么MicroPython就能够检测到，这样就可以实现一些交互式的应用。

【例4.6】 手势检测。

编写程序，代码如下：

```
from microbit import *

last_gesture=""

while True:
    current_gesture=accelerometer.current_gesture()
    sleep(100)
    if current_gesture is not last_gesture:
        last_gesture=current_gesture
        print(current_gesture)
```

💻**小贴士**

获取当前手势需要用到accelerometer.current_gesture()方法，其结果为返回当前手势的名称，包括up（向上）、down（向下）、left（向左）、right（向右）、face up（正面朝上）、face down（正面朝下）、freefall（自由落体）、3g、6g、8g、shake（摇动）。当设备遇到某些级别的重力后，就会显示3g、6g和8g，就像一个宇航员进入太空一样。

单击"刷入"按钮和REPL按钮，改变micro:bit位置，在REPL窗口中观察结果，如果没有结果，按下micro:bit重启按钮，如图4.5所示。

【例4.7】 手势互动。

设备正面朝上时露出"高兴"的表情，否则露出"生气"的表情。

编写程序，代码如下：

```
from microbit import *

while True:
    gesture=accelerometer.current_gesture()
    if gesture=="face up":
        display.show(Image.HAPPY)
    else:
        display.show(Image.ANGRY)
```

```
1  from microbit import *
2
3  last_gesture = ""
4
5  while True:
6      current_gesture = accelerometer.current_gesture()
7      sleep(100)
8      if current_gesture is not last_gesture:
9          last_gesture = current_gesture
10         print(current_gesture)
```
```
BBC micro:bit REPL
face up
face down
up
down
right
left
shake
```

图 4.5 手势检测

小贴士

通过 accelerometer.current_gesture()获取当前手势,将其赋值给变量 gesture。

Python 用"＝＝"来检查是否相等,用"＝"进行赋值。

程序通过检查变量 gesture 是否"正面朝上",来显示不同的图像。

单击"刷入"按钮,改变 micro:bit 位置实现手势互动,如图 4.6 所示。

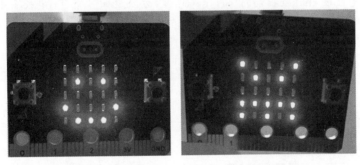

(a) 正面朝上"高兴"　　　　　　　　(b) 其他"生气"

图 4.6 手势互动

【例 4.8】 魔术 8 球。

魔术 8 球是首次发明于 20 世纪 50 年代的玩具,用来询问是或否(肯定或否定)的问题,摇动后便等待它揭晓答案。

编写程序,代码如下:

```
from microbit import *
import random


from microbit import *
```

```
import random

answers=[
"flog",
"tiger",
"pandan",
"pig",
"sheep",
"hores",
"monkey",
"fish",
]

whileTrue:
  display.show("8")
  if accelerometer.was_gesture("shake"):
    sleep(1000)
    display.clear()
    display.scroll(random.choice(answers))
```

小贴士

首先是一个名为 answers 的列表，里面的内容会通过最后一条语句中的 random 函数随机产生。

程序检测设备是否被 shake（摇动），was_gesture()方法返回一个 True 或 False 的值。

如果摇动该设备，等待 1s 后（看起来像是设备在思考你的问题），屏幕显示一个随机答案。

单击"刷入"按钮，micro：bit 的 LED 点阵显示"8"，摇动 micro：bit，显示 answer 列表中随机出现的"字符串"。

复习思考题

如何总是显示自己想要的答案呢？

【例 4.9】 "指上针"。

程序实现的功能是，转动 micro：bit，LED 点阵的箭头一直向上。

编写程序，代码如下：

```
from microbit import *

while True:
  gesture=accelerometer.current_gesture()
  if gesture=="up":
    display.show(Image.ARROW_N)
  elif gesture=="down":
```

```
        display.show(Image.ARROW_S)
    elif gesture=="left":
        display.show(Image.ARROW_W)
    elif gesture=="right":
        display.show(Image.ARROW_E)
```

📝 **复习思考题**

如何实现指南针功能呢？

4.4　磁场传感器

micro:bit 主控板上有一个磁场传感器，位置如图 4.7 所示。它能够反馈周围磁场强度，感知磁场方向。

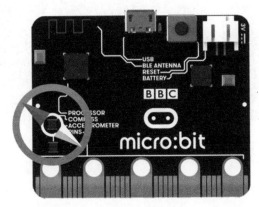

图 4.7　磁场传感器

在乘坐火车、大巴、地铁、飞机等重要的交通工具时，都需要通过安全检查，检查时不仅需要检查行李，身体也要经过扫描，以确保没有危害品。

安检门是一种检测通行人员是否携带金属物品的探测装置，又称金属探测门。主要应用在飞机场、火车站、大型会场等人流较大的公共场所，检查往来人员身上是否隐藏枪支、管制刀具等。当被检人员从安检门通过，身上所携带的金属超过规定的重量、数量或形状预先设定好的参数值时，安检门会立刻报警并显示造成报警的金属所在位置，让安检人员及时发现。

类似金属探测器，下面来制作一个简易的磁矿探测器，用来探测磁矿。

想要实现磁矿探测的功能，首先需要学会如何获得周围磁场的强度值，还要知道正常情况下磁场的值是多少。这样才能通过数值找到磁场强的地方，进一步判断是否有磁矿。

【例 4.10】　磁矿探测器。

读取磁场强度的程序如下：

```
from microbit import *

compass.calibrate()
```

```
while True:
    sleep(1000)
    display.scroll(compass.get_field_strength())
```

运行程序时，micro：bit 的 LED 点阵上并没有显示数字，而是滚动显示字符串"TILT TO FILL SCREEN"。

难道是程序不对吗？还是它坏了？都不是。

磁场传感器和其他传感器不太一样，它在使用之前需要进行校验，只有校验之后才能够准确测量出数值。

待 micro：bit 的 LED 点阵显示完字符串后，会出现一个红色的点并不停地闪烁。这时旋转 micro：bit，如图 4.8 所示，红点会随之移动，直到把整个屏幕上的 LED 都点亮之后，屏幕上会显示一个笑脸。这一步一定要耐心完成，否则无法实现测量磁场强度以及后面的指南针案例，随后才会显示磁场强度。

(a) 红点闪烁　　　　　　　(b) 红点移动　　　　　　　(c) 完成校验

图 4.8　磁场传感器的校验

 小贴士

compass.calibrate()：开始校准，在使用之前必须进行校准，否则读数可能错误。

compass.get_field_strength()：返回 micro：bit 周围磁场大小的整数值。

compass.is_calibrated()：若被成功校准则返回 True；否则返回 False。

compass.clear_calibration()：取消校准，初始化至未校准状态。

复习思考题

（1）测试周围环境的磁场强度，再测试靠近磁铁的磁场强度，并将所测结果记录下来。

（2）修改程序，使其成为磁矿探测器。

【例 4.11】　指南针。

指南针的主要组成部分是一根装在轴上的磁针，磁针在天然地磁场的作用下可以自由转动并最终保持与磁力线方向一致，磁针的北极指向地理的南极，利用这一性能可以辨别方向。

指南针常用于航海、大地测量、旅行及军事等方面。作为中国古代四大发明之一，它的发明对人类的科学技术和文明的发展起到了难以估量的作用。

　　指南针S极的真正指向并不是南而是北。古人为什么不称其为"指北针"呢？这与我国对方位的认识有关。在我国古代文化里，南为阳，北为阴，活人都以阳为尊。我国古代一直以"南"为南北方位之主，面向南方为尊位，且有"南面为王，北面而朝"之说，即面朝南方位的称帝王，面朝北方的则是朝拜君王的臣子，帝王就座议事都是面向南方。正屋的门窗都开向南。所以指示方向，也以南为主。在我国，指南针是习惯叫法，当然也可以称为指北针，在国外和军事领域就都称为指北针。

　　现代人制作了各种电子指南针，被称为电子罗盘或数字罗盘，电子罗盘一般用磁阻传感器和磁通门加工而成。它是利用地磁场来定北极的一种方法，应用到手机上，就是电子指南针。

　　虽然GPS在导航、定位、测速、定向方面有着广泛的应用，但由于其信号常被地形、地物遮挡，导致精度大大降低，甚至不能使用。尤其在高楼林立的城区和植被茂密的林区，GPS信号的有效性仅为60％。并且在静止的情况下，GPS也无法给出航向信息。为弥补这一不足，可以采用组合导航定向的方法。电子罗盘正是为满足用户的此类需求而设计的。它可以对GPS信号进行有效补偿，保证导航定向信息100％有效。

　　micro:bit内置的磁场传感器虽然能够感知磁场的方向，但并不能以直观的方式直接指明，而是给出一个值，表示的是它的y轴和正北方向的夹角，如图4.9所示。

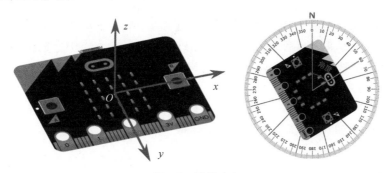

图4.9　磁场方向

　　从图4.10可以看出，当数值在315°～360°以及0°～45°时，可以确认是指向北方的，剩下的45°～135°指向其他方向。在得到这个值后，就可以根据数字确定方向。

　　编写程序，代码如下：

```python
from microbit import *

while True:
    temp=compass.heading()
    if temp>=45 and temp<135:
        display.show("E")
    elif temp>=135 and temp<225:
        display.show("S")
    elif temp>=225 and temp<315:
        display.show("W")
    else:
        display.show("N")
```

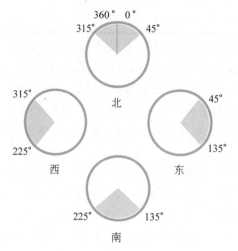

图 4.10　夹角的值与方向的关系

compass.heading()：读取磁场传感器 y 轴和正北方向夹角的值,如果电子罗盘未经校准,则将调用 calibrate。

compass.get_x()：根据磁力的方向,将 x 轴上的磁力读取为正整数或负整数。

compass.get_y()：根据磁力的方向,将 y 轴上的磁力读取为正整数或负整数。

compass.get_z()：根据磁力的方向,将 z 轴上的磁力读取为正整数或负整数。

【例 4.12】　综合案例。

最后将 LED 点阵、按钮、传感器等内容综合在一起。

编写程序,代码如下：

```python
from microbit import *

compass.calibrate()

def my_function():
    display.show(Image.ALL_ARROWS)
    display.clear()
    display.scroll("Press A")
    while not button_a.is_pressed():
        continue
display.show(Image.ARROW_W)
    sleep(1000)
    display.scroll("Press B")
    while not button_b.is_pressed():
        continue
    display.show(Image.ARROW_E)
```

```
    sleep(1000)
    display.clear()
    display.scroll(str(accelerometer.get_x()))
    display.clear()
    sleep(1000)
    display.scroll(str(accelerometer.get_y()))
    display.clear()
    sleep(1000)
    display.scroll(str(accelerometer.get_z()))
    display.clear()
    sleep(1000)
    display.scroll(str(compass.heading()))
    sleep(1000)
    display.show(Image.HAPPY)
    sleep(3000)
    return

while True:
    display.clear()
    if button_a.is_pressed():
        my_function()
```

运行程序,在循环中等待按下按钮 A;按下按钮 A,执行函数 my_function(),显示"箭头"动画,显示"Press A";按下按钮 A,显示向左的箭头,显示"Press B";按下按钮 B,显示向右的箭头;箭头显示后等待 1s,分别显示 x、y、z 轴加速度的值和磁场传感器 y 轴和正北方向夹角的值,最后显示"笑脸";等待 3s 后,返回循环。

小贴士

前面的例子中,已经使用了 str()、sleep() 等很多系统内置函数。

函数是 Python 内建支持的一种封装,通过把大段代码拆成函数,通过一层一层的函数调用,就可以把复杂任务分解成简单的任务。

函数与方法的工作方式类似,但是函数不需要 import 任何模块。

除了内置函数外,还可以自定义函数。

定义一个函数要使用 def 语句,依次写出函数名、括号、括号中的参数和冒号,然后在缩进块中编写函数体,函数的返回值用 return 语句返回。

复习思考题

尝试将 micro:bit 的各种内置组件进行综合,实现有趣的功能。

4.5　实践：游戏开发

随着计算机的普及和发展,现在家家户户基本上有计算机、手机、平板计算机等电子设备,它们方便了人们的办公和娱乐。

电子游戏是随着电子技术的发展而发展起来的。现在人们看到的基本都是一些大型的网络游戏，画面很炫酷，但最早的电子游戏显示是黑白的，而且都是一个方块一个方块地显示，如图 4.11 所示。

图 4.11　早期游戏

将 micro:bit 按钮、LED 点阵、各种传感器综合起来的最有趣的应用就是游戏，下面应用它们编写几个小游戏。

4.5.1　水果抓手

micro:bit 主控板上有一个由 25 个 LED 组成的点阵，如何知道每个点的位置呢？

以左上角的点为起点，横向右是 x 轴的正向，竖向下是 y 轴的正向，每个点之间的距离为1，这样每个点的位置就可以用 x 轴和 y 轴的数字表示出来。如第一行最右边就是(4,0)，中心的点就是(2,2)，右下角的点就是(4,4)，如图 4.12 所示。

"水果抓手"是一款动作小游戏，游戏目标是抓住天上掉下来的水果。

游戏开始时，玩家在显示器底部中间，水果在显示器顶部随机出现并开始落下。玩家按下按钮 A 和 B 进行左右移动，在水果落到显示器底部之前接住它。

【例 4.13】　水果抓手。

编写程序，代码如下：

```python
from microbit import *
import random


delay=10
delayCounter=0
playerPosition=[2, 4]
score=0

while True:
    fruitPosition=[random.randrange(0,4), 0]
    while fruitPosition[1]<=4:
        while delayCounter<delay:
            if button_a.was_pressed() and (playerPosition[0]>0):
                playerPosition[0]=playerPosition[0]-1
            if button_b.was_pressed() and (playerPosition[0]<4):
                playerPosition[0]=playerPosition[0]+1
```

```
        display.clear()
        display.set_pixel(fruitPosition[0], fruitPosition[1], 9)
        display.set_pixel(playerPosition[0], playerPosition[1], 9)
        delayCounter=delayCounter+1
        sleep(100)
    delayCounter=0
    fruitPosition[1]=fruitPosition[1]+1
if fruitPosition[0]==playerPosition[0]:
    score=score+1
    delay=delay-(delay/10)
else:
    display.scroll(('Game Over     Score      '+str(score)), loop=True)
```

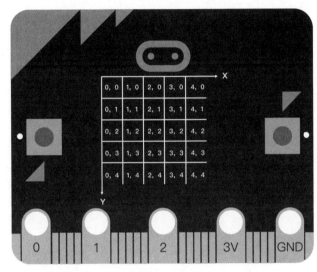

图 4.12　LED 点阵中各个 LED 的位置值

小贴士

playerPosition＝[2,4]：定义玩家的位置。

fruitPosition＝[random.randrange(0,4),0]：定义水果位置，位于顶部，其 x 坐标通过随机函数出现。

while fruitPosition[1]＜=4：当水果未到达底部时，可以按下按钮 A 或 B，向左或右移动玩家位置：playerPosition[0]＝playerPosition[0]－1、playerPosition[0]＝playerPosition[0]+1。

if fruitPosition[0]＝＝playerPosition[0]：当玩家接住水果，分数累加。否则，显示"Game Over"和游戏分数 display.scroll(('Game Over Score '＋str(score)),loop＝True)。

复习思考题

(1) 变量 delay 和 delayCounter 的作用是什么？修改它们的初始值看看效果。

(2) 在移动前，为什么要用条件 playerPosition[0]＞0 和 playerPosition[0]＜4？

(3) 如何实现游戏结束播放声音的功能？

4.5.2 障碍赛

游戏"障碍赛"开始时,长度为1个点的玩家随机出现在显示器底部,长度为4个点的障碍物随机出现在显示器顶部并开始落下,玩家倾斜 micro:bit 避开障碍物,游戏结束后按下按钮 A 重新开始新一轮游戏。

【例 4.14】 简易障碍赛。

编写程序,代码如下：

```python
from microbit import *
import random

min_x=-1024
max_x=1024
range_x=max_x-min_x

wall_min_speed=400
player_min_speed=200

wall_max_speed=100
player_max_speed=50

speed_max=12

while True:

    i=Image('00000:' * 5)
    s=i.set_pixel

    player_x=2

    wall_y=-1
    hole=0

    score=0
    handled_this_wall=False

    wall_speed=wall_min_speed
    player_speed=player_min_speed

    wall_next=0
    player_next=0

    while True:
        t=running_time()
```

```
        player_update=(t>=player_next)
        wall_update=(t>=wall_next)
        if not (player_update or wall_update):
            next_event=min(wall_next, player_next)
            delta=next_event-t
            sleep(delta)
            continue

        if wall_update:
            speed=min(score, speed_max)
            wall_speed=wall_min_speed+int((wall_max_speed-wall_min_speed) * speed / speed
                _max)
            player_speed=player_min_speed+int((player_max_speed-player_min_speed) *
                speed / speed_max)

            wall_next=t+wall_speed
            if wall_y<5:
                use_wall_y=max(wall_y, 0)
                for wall_x in range(5):
                    if wall_x !=hole:
                        s(wall_x, use_wall_y, 0)

        wall_reached_player=(wall_y==4)
        if player_update:
            player_next=t+player_speed
            x=accelerometer.get_x()
            x=min(max(min_x, x), max_x)
            s(player_x, 4, 0)
            x=((x-min_x) / range_x) * 5
            x=min(max(0, x), 4)
            x=int(x+0.5)
            if not handled_this_wall:
                if player_x<x:
                    player_x=player_x+1
                elif player_x>x:
player_x=player_x-1

        if wall_update:
            wall_y=wall_y+1
            if wall_y==7:
                wall_y=-1
                hole=random.randrange(5)
                handled_this_wall=False

            if wall_y<5:
```

```
                use_wall_y=max(wall_y, 0)
                    for wall_x in range(5):
                        if wall_x !=hole:
                            s(wall_x, use_wall_y, 6)

            if wall_reached_player and not handled_this_wall:
                handled_this_wall=True
                if (player_x !=hole):
                    break
                score=score+1

            if player_update:
                s(player_x, 4, 9)

            display.show(i)

    display.show(i.SAD)
    sleep(1000)
    display.scroll("Score:"+str(score))

    while True:
        if button_a.is_pressed():
            break
        sleep(100)
```

📖 **复习思考题**

（1）程序中各个变量的作用是什么？

（2）游戏中障碍物落下的速度越来越快，哪段代码实现该功能？

（3）障碍物落到最下面后需要消失，哪段代码实现该功能？

（4）障碍物落到最下面消失后，新障碍物出现，哪段代码实现该功能？

（5）如何使用按钮A和B实现移动玩家避开障碍物？

4.5.3 俄罗斯方块

在"俄罗斯方块"游戏中，由小方块组成的不同形状的块陆续从屏幕上方落下来，玩家通过调整块的位置和方向，使它们在屏幕底部拼出完整的一条或几条。这些完整的横条随即会消失，给新落下来的块腾出空间，与此同时，玩家得到分数奖励。没有被消除掉的方块不断堆积起来，一旦堆到屏幕顶端，玩家便告输，游戏结束。

游戏中落下的4种形状的块及对应的LED点阵亮度如图4.13所示；包括边界的俄罗斯方块格子如图4.14所示；micro:bit LED点阵与格子对应位置如图4.15所示。

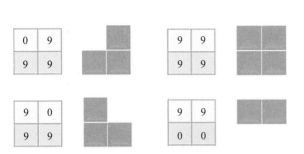

图 4.13 块与 LED 点阵的亮度关系

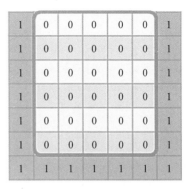

图 4.14 包括边界的格子

格子[0][0]代表位于micro:bit的最上边中间的这个LED

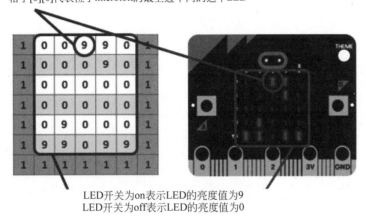

LED开关为on表示LED的亮度值为9
LED开关为off表示LED的亮度值为0

图 4.15 micro：bit 的 LED 点阵与格子的对应位置

🔧 小贴士

"俄罗斯方块"是由俄罗斯的阿列克谢·帕基特诺夫（Алексей Пажитнов，英文名为 Alexey Pazhitnov）发明的一款游戏，原名是俄语 Тетрис（英文 Tetris）。这个名字来源于希腊语 tetra（意思是"四"）和作者最喜欢的网球（tennis），他把两个词 tetra 和 tennis 合二为一，命名为 Tetris，这就是俄罗斯方块名字的由来。

使用 micro：bit 编写的游戏规则如下。
（1）按下按钮 A：将当前方块移动到左侧。
（2）按下按钮 B：将当前方块移动到右侧。
（3）按钮 A 和 B 同时按下：顺时针旋转当前方块。
【例 4.15】"俄罗斯方块"游戏。
编写程序，代码如下：

```
from microbit import *
import random
```

```python
grid=[[1,0,0,0,0,0,1],[1,0,0,0,0,0,1],[1,0,0,0,0,0,1],[1,0,0,0,0,0,1],[1,0,0,0,0,0,1],[1,
    1,1,1,1,1,1]]
bricks=[[9,9],[9,0]],[[9,9],[0,9]],[[9,9],[9,9]],[[9,9],[0,0]]]
brick=random.choice(bricks)
x=3
y=0
frameCount=0

def max(a,b):
    if a>=b:
        return a
    else:
        return b

def hideBrick():
    if x>0:
        display.set_pixel(x-1,y,grid[y][x])
    if x<5:
        display.set_pixel(x+1-1,y,grid[y][x+1])
    if x>0 and y<4:
        display.set_pixel(x-1,y+1,grid[y+1][x])
    if x<5 and y<4:
        display.set_pixel(x+1-1,y+1,grid[y+1][x+1])

def showBrick():
    if x>0:
        display.set_pixel(x-1,y,max(brick[0][0],grid[y][x]))
    if x<5:
        display.set_pixel(x+1-1,y,max(brick[0][1],grid[y][x+1]))
    if x>0  and y<4:
        display.set_pixel(x-1,y+1,max(brick[1][0],grid[y+1][x]))
    if x<5 and y<4:
        display.set_pixel(x+1-1,y+1,max(brick[1][1],grid[y+1][x+1]))

def rotateBrick():
    pixel00=brick[0][0]
    pixel01=brick[0][1]
    pixel10=brick[1][0]
    pixel11=brick[1][1]
    if not ((grid[y][x]>0  and pixel00>0) or (grid[y+1][x]>0  and pixel10>0) or (grid[y][x+
        1]>0  and pixel01>0) or (grid[y+1][x+1]>0  and pixel11>0)):
        hideBrick()
        brick[0][0]=pixel10
        brick[1][0]=pixel11
```

```
        brick[1][1]=pixel01
        brick[0][1]=pixel00
        showBrick()

def moveBrick(delta_x,delta_y):
    global x,y
    move=False
    if delta_x==-1  and x>0:
        if not ((grid[y][x-1]>0  and brick[0][0]>0) or (grid[y][x+1-1]>0  and brick[0][1]>0) or
            (grid[y+1][x-1]>0  and brick[1][0]>0) or (grid[y+1][x+1-1]>0  and brick[1][1]>0)):
            move=True
    elif delta_x==1  and x<5:
        if not ((grid[y][x+1]>0  and brick[0][0]>0) or (grid[y][x+1+1]>0  and brick[0][1]>0) or
            (grid[y+1][x+1]>0  and brick[1][0]>0) or (grid[y+1][x+1+1]>0  and brick[1][1]>0)):
            move=True
    elif delta_y==1  and y<4:
        if not ((grid[y+1][x]>0  and brick[0][0]>0) or (grid[y+1][x+1]>0  and brick[0][1]>0) or
            (grid[y+1+1][x]>0  and brick[1][0]>0) or (grid[y+1+1][x+1]>0  and brick[1][1]>0)):
            move=True
    if move:
        hideBrick()
        x=x+delta_x
        y=y+delta_y
        showBrick()

    return move

def checkLines():
    global score
    removeLine=False
    for i in range(0, 5):
        if (grid[i][1]+grid[i][2]+grid[i][3]+grid[i][4]+grid[i][5])==45:
            removeLine=True
            score=score+10
            for j in range(i,0,-1):
                grid[j]=grid[j-1]
            grid[0]=[1,0,0,0,0,0,1]
    if removeLine:
        for i in range(0, 5):
            for j in range(0, 5):
                display.set_pixel(i,j,grid[j][i+1])
    return removeLine

gameOn=True
score=0
```

```
    showBrick()

whilegameOn:
    sleep(50)
    frameCount=frameCount+1
    if button_a.is_pressed() and button_b.is_pressed():
        rotateBrick()
    elif button_a.is_pressed():
        moveBrick(-1,0)
    elif button_b.is_pressed():
        moveBrick(1,0)

    ifframeCount==15   and moveBrick(0,1)==False:
        frameCount=0
        grid[y][x]=max(brick[0][0],grid[y][x])
        grid[y][x+1]=max(brick[0][1],grid[y][x+1])
        grid[y+1][x]=max(brick[1][0],grid[y+1][x])
        grid[y+1][x+1]=max(brick[1][1],grid[y+1][x+1])

        if checkLines()==False and y==0:
            gameOn=False
        else:
            x=3
            y=0
            brick=random.choice(bricks)
            showBrick()

    if frameCount==15:
        frameCount=0

sleep(2000)
display.scroll("Game Over: Score: "+str(score))
```

🐾 小贴士

grid 定义了图 4.14 所示的包括边界的格子。

bricks 定义了如图 4.13 所示的 4 种形状的块。

random.choice(seq)：从非空序列 seq 中返回一个随机元素。

brick=random.choice(bricks)：在顶部中间位置（y=0，x=3）随机产生各种形状的块。

📖 复习思考题

（1）分析程序中各个自定义函数的作用。

（2）能自己思考设计出更好玩的游戏吗？试试看吧。

第5章 网络互连

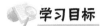

本章重点学习在两个 micro:bit 之间进行通信的方法。

学习要求

（1）了解无线电通信的相关概念。

（2）掌握使用无线电（radio）模块进行无线通信的程序编写方法。

通过网络将设备连接在一起，可以相互发送和接收信息。

如果把网络分为一系列的层，其中最底层是进行沟通的最基础的层面，通过有线或无线的方式让信号从一个设备传送到另一个设备。

在如图 5.1 所示的例子中，只需要使用两根导线，通过鳄鱼夹连接两块 micro:bit，就可以进行通信。两者都使用引脚 1 作为输出，引脚 2 作为输入，将一个设备中的"输出"连接到另一个设备中的"输入"。

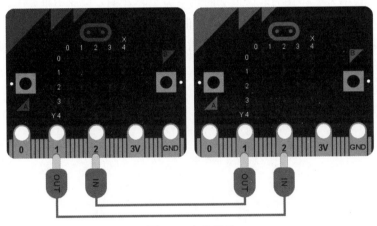

图 5.1　有线通信

5.1　无线电通信

在日常生活中，经常会通过手机、笔记本计算机、遥控器等无线方式进行图像、语音、文字等信息的传输，这些设备是如何把信息传输出去的呢？

无线电是指在所有自由空间（包括空气和真空）中传播的电磁波，是其中的一个有限频带，上限频率在 300GHz，下限频率较不统一，常见的有 3kHz～300GHz（国际电信联盟规定）、9kHz～300GHz、10kHz～300GHz。

由于导体中电流强度的改变会产生无线电波，通过调制可以将信息加载于无线电波之上；当电波通过空间传播到达收信端，电波引起的电磁场变化又会在导体中产生电流；通过解调将信息从电流变化中提取出来，就达到了信息传递的目的。

1906 年的圣诞前夜，雷吉纳德·菲森登（Reginald Fessenden）在美国马萨诸塞州采用外差法实现了历史上首次无线电广播,菲森登用小提琴演奏了"平安夜",朗诵了《圣经》片段。位于英格兰切尔姆斯福德的马可尼研究中心在 1922 年开播了世界上第一个定期播出的无线电广播娱乐节目。

无线电经历了从电子管到晶体管再到集成电路,从短波到超短波再到微波,从模拟方式到数字方式,从固定使用到移动使用等各个发展阶段,无线电技术已成为现代信息社会的重要支柱。

micro:bit 主控板内置了 2.4GHz 无线通信模块,能够通过无线电和蓝牙技术与外界进行通信。

5.1.1 一对一通信

想要实现无线电通信的功能,进行通信的两个或多个设备必须在同一个组内。

无线设备只有在同一个组内才能够相互接收到对方发来的信息。发送和接收信息都需要特定的方式。把接收和发射的信息进行比较,看看是否一致,就可以确定通信是否成功。

通过 micro:bit 内置的无线电模块和 MicroPython 的 radio 库,可以不用导线进行设备之间的连接,无线电模块的功能如下。

(1) 传播的信息具有特定的可配置长度(最多 251B)。

(2) 接收到的信息是从可配置大小的队列中读取的(队列越大,使用的 RAM 越多),如果队列已满,则会忽略新的信息。

(3) 信息在预先选择的频道上进行传输和接收(编号为 0～100,默认信道编号为 7,信道 0 的频率为 2.4GHz,信道 1 的频率为 2.401GHz,信道 2 的频率为 2.402GHz,以此类推)。

(4) 传输基于某特定功率,功率越大范围越广(值为 0～7,默认为 6)。

(5) 信息通过地址(类似房屋号码)和组(类似指定地址处的指定收件人)进行过滤。

(6) 以字节为单位发送和接收数据。

【例 5.1】 发送信息。

编写发射端程序,代码如下:

```python
from microbit import *
import radio

while True:
    radio.on()
    message="Hello,World!"
    radio.send(message)
sleep(500)
```

【例 5.2】 接收信息。

编写接收端程序,代码如下:

```python
from microbit import *
import radio

radio.on()

while True:
    incoming=radio.receive()
```

```
        if incoming is not None:
            display.show(incoming)
    sleep(500)
```

上面代码中,import radio 用于引用 radio;radio.on()用于打开无线电;radio.off()用于关闭无线电;radio.send()用于发送消息字符串;radio.receive()用于接收消息字符串。

将例 5.2 程序下载到第一块 micro：bit 板卡中,LED 点阵没有任何信息显示。

将例 5.1 程序下载到第二块 micro：bit 板卡中,看到第一块 micro：bit 板卡的 LED 点阵显示"Hello,World!",如图 5.2 所示。

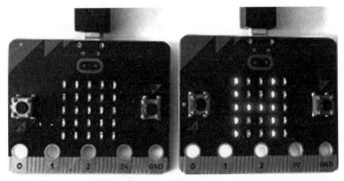

图 5.2　无线电通信

复习思考题

(1) 如何发送一个 0～9 的随机数并显示出来?

(2) 如何通过按钮来实现发送、接收的控制?

【例 5.3】　莫尔斯码。

电报(telegram)是通信业务的一种,是最早使用电进行通信的方法,它是 19 世纪 30 年代在英国和美国发展起来的。

19 世纪 30 年代,由于铁路迅速发展,迫切需要一种不受天气影响和时间限制,又比火车跑得快的通信工具。此时,发明电报的基本技术条件(电池、铜线、电磁感应器)也已具备。1837 年,英国人库克和惠斯通设计制造了第一个有线电报,经过不断改进,使发报速度不断提高。这种电报很快在铁路通信中获得了应用。这种电报系统的特点是电文直接指向字母。

电报是利用电流(有线)或电磁波(无线)作为载体,通过编码和相应的电处理技术,实现人类远距离传输与交换信息的一种通信方式。

电报信息通过专用的交换线路以电信号的方式进行发送,该信号用编码代替文字和数字,通常使用的编码是莫尔斯编码。随着电话、传真等的普及,目前电报已很少使用。

电报大大加快了信息的流通,是工业社会的一项重要发明。早期的电报只能在陆地上通信,后来使用了海底电缆,开通了越洋服务。到了 20 世纪初,开始使用无线电拍发电报,电报业务基本上已能抵达地球上绝大部分地区。电报主要用作传递文字信息,使用电报技术传送图片的技术称为传真。

虽然早在 19 世纪初就有人开始研制电报,但可实用的电磁电报的发明,主要归功于英国科学家约翰·库克、惠斯通和美国科学家莫尔斯。1836 年,约翰·库克制成电磁电报机并于次年申请了首个电报专利,惠斯通则是约翰·库克的合作者。莫尔斯原本是美国的一流画家,出于兴趣,他在 1835 年研制出电磁电报机的样机,后又根据电流接通、断掉时分别出现电火花和没有电火花两种信号,于 1838 年发明了"莫尔斯码"。

🔖 小贴士

1858 年 7 月,*Scientific American* 杂志报道:"众所周知,英国人一向宣称,电磁式电报(magnetic telegraph)是由他们的同胞惠斯通教授发明的。而在大西洋彼岸,电报公司的成立,则让更多的欧洲人开始讨论,谁才是电报的真正发明者。"在法国巴黎发行的《通报》认为,莫尔斯虽不是电报原理的创立者,却是第一个将该原理用于实践的人。

莫尔斯码在早期无线电上举足轻重,是每个无线电通信者必须掌握的。由于通信技术的进步,各国已于 1999 年停止使用了莫尔斯码。

莫尔斯码由两种基本信号和不同的间隔时间组成:短促的点信号"."和保持一定时间的长信号"—"。表 5.1 是字母对应的莫尔斯码基本码表。

表 5.1　英文字母对应的莫尔斯码基本码表

字符	电码符号	字符	电码符号	字符	电码符号	字符	电码符号
A	.—	H	....	O	— — —	V	...—
B	—...	I	..	P	.— —.	W	.— —
C	—.—.	J	.— — —	Q	— —.—	X	—..—
D	—..	K	—.—	R	.—.	Y	—.— —
E	.	L	.—..	S	...	Z	— —..
F	..—.	M	— —	T	—		
G	— —.	N	—.	U	..—		

通过 micro:bit 实现莫尔斯码发送与接收的代码如下:

```python
from microbit import *
import radio

dash=Image("00000:00000:99999:00000:00000")
dot=Image("00000:00000:00900:00000:00000")
word=Image("00900:00090:99999:00090:00900")
over=Image.HAPPY

radio.on()

while True:
    incoming=radio.receive()
    gesture=accelerometer.current_gesture()
```

```
    if button_a.is_pressed():
        display.show(dot)
        radio.send(str("dot"))
    elif button_b.is_pressed():
        display.show(dash)
        radio.send(str("dash"))
    elif gesture=="shake":
        display.show(word)
        radio.send(str("word"))
    elif gesture=="face down":
        display.show(over)
        radio.send(str("over"))
    elif incoming=="dot":
        display.show(dot)
    elif incoming=="dash":
        display.show(dash)
    elif incoming=="over":
        display.show(over)
    elif incoming=="word":
        display.show(word)
    sleep(200)
    display.clear()
```

将程序下载到第二块板卡上,按下第一块板卡的按钮 A 发送" .",按下按钮 B 发送"—",摇晃 micro:bit 表示完成一个字符的编码,开始下一个字符,将 micro:bit 正面朝下表示完成整个电报的发送。

📝**复习思考题**

完成某个字符莫尔斯码的发送后(摇晃 micro:bit),如何实现在第二块板卡上显示莫尔斯码对应的字符?

5.1.2　一对多通信

以上是两块板卡之间的一对一通信,下面是 3 块板卡之间的一对多通信。

【例 5.4】　一对多通信。

编写程序,代码如下:

```
from microbit import *
import radio

radio.config(group=1)
radio.on()

while True:
    if button_a.was_pressed():
        radio.send('Hello from A!')
    if button_b.was_pressed():
```

```
        radio.config(group=2)
        display.scroll('Switching to Group 2')
    message=radio.receive()
    if message !=None:
        display.scroll(str(message))
```

小贴士

radio.config()用于与无线电相关的各种基于关键字的设置，包括用于过滤信息时使用的 group（范围为 0～255，默认值为 0），如果没有调用 config，则使用默认值。

radio.config(group=1)用于将两块板卡设置为同一组 group 1，同组之间可以进行通信。

按下任何一块板卡上的按钮 A，发送信息"Hello from A!"，在其他板卡上显示。

按下任何一块板卡上的按钮 B，切换到 group 2，非同组则之间无法进行通信。

如果再次按下另一块板卡的按钮 B，它们又都属于 group 2，相互之间又可以进行通信了。

运行程序，验证效果。

复习思考题

（1）修改程序，实现按下第二块板卡的按钮 A 时，在第一块板卡上显示"Hello from B!"。

（2）修改程序，实现按下第三块板卡的按钮 A 时，在其他两块板卡上显示"Hello from C!"。

程序运行时，3 块板卡 A、B、C 都属于 group 1，按下板卡 A 的按钮 A，板卡 B 和 C 均显示信息"Hello from A!"。

如果按下某一块板卡（如板卡 C）的按钮 B，只有其他两块属于 group 1 的板卡 A 和 B 相互之间可以进行通信，如图 5.3 所示。

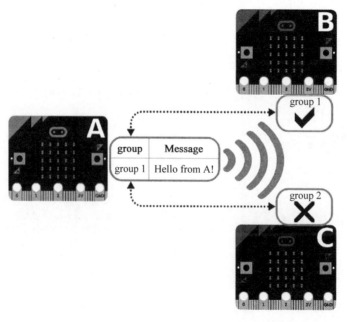

图 5.3 group 1 的板卡 A 和 B 可以相互通信

如果再按下另一块板卡(如板卡 A)的按钮 B,则按下按钮 B 的同属于 group 2 的两块板卡 A 和 C 之间可以相互通信,如图 5.4 所示。

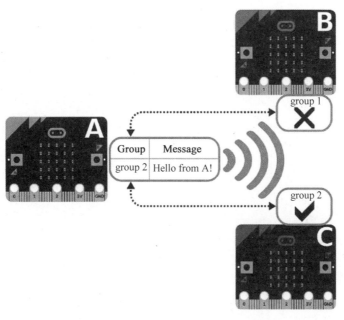

图 5.4 group 2 的板卡 A 和 C 可以相互通信

如果按下第三块板卡(板卡 B)的按钮 B,则它们都属于 group 2,3 块板卡之间又可以进行通信,如图 5.5 所示。

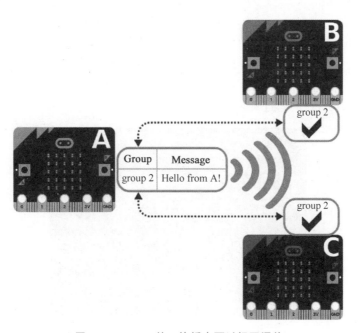

图 5.5 group 2 的 3 块板卡可以相互通信

【例 5.5】 "萤火虫"。
编写程序,代码如下:

```
from microbit import *
import radio
import random

flash=[Image().invert() * (i/9) for i in range(9, -1, -1)]

radio.on()

while True:
    if button_a.was_pressed():
        radio.send('flash')
    incoming=radio.receive()
    if incoming=='flash':
        sleep(random.randint(50, 350))
        display.show(flash, delay=100, wait=False)
        if random.randint(0, 9)==0:
            sleep(500)
            radio.send('flash')
```

小贴士

Image().invert()用于通过反转源图像中像素的亮度来产生新图像。

flash＝[Image().invert() * (i/9) for i in range(9，－1，－1)]用于实现动画效果。

sleep(random.randint(50,350))用于随机进行短时间的休息（多块 micro：bit 错开时间，"萤火虫"显示效果更佳）。

if random.randint(0,9)＝＝0 用于显示动画的每块 micro：bit 有 1/10 的概率将动画传递给其他 micro：bit，这就使得"萤火虫"在多个设备间闪光成为可能。

运行程序,9 块 micro：bit 的运行效果如图 5.6 所示。

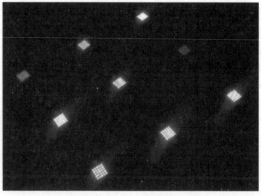

图 5.6　9 块 micro：bit 的运行效果

5.2 实践：简易 POS 机

科技发展日新月异，技术不断升级，给人们的生活带来了翻天覆地的变化，也让生活越来越方便。

在付款方面，古代都是以物换物，之后出现了作为等价物的金属币，再之后更加轻便的纸币慢慢出现。现在，人们出门基本不需要带现金，需要付款的时候，直接刷卡或者使用微信、支付宝等进行电子支付即可。

电子支付具有方便、快捷、高效、经济的优势，用户可以随时随地完成整个支付过程，支付费用仅相当于传统支付的几十分之一，甚至几百分之一。

电子支付的发展经历了 5 个阶段。

第 1 阶段是银行利用计算机处理银行之间的业务，办理结算。

第 2 阶段是银行计算机与其他机构计算机之间资金的结算，如代发工资等业务。

第 3 阶段是利用网络终端向客户提供各项银行服务，如自助银行。

第 4 阶段是利用银行销售终端向客户提供自动的扣款服务。

第 5 阶段是基于 Internet 的电子支付，它将第 4 阶段的电子支付系统与 Internet 进行整合，实现随时随地通过 Internet 进行直接转账结算，形成了电子商务交易支付平台。

下面，模拟制作一个简单的电子支付系统——简易 POS 机。

首先，需要选择扣款的值，因为 micro：bit 主控板只有两个按钮，所以没有办法像键盘这样直接输入。这里选择使用变量：按钮 A 每按下一次，变量的值加 1，到需要扣款的数字（假设扣款的数在 10 以内）；按下按钮 B，把扣款的值发送出去。

【例 5.6】 发送需要扣款的值。

编写程序，代码如下：

```python
from microbit import *
import radio

radio.on()
radio.config(channel=1)
shu=0

while True:
    display.show(shu)
    if(button_a.was_pressed()):
        shu=shu+1
        if shu==10:
            shu=0

    if (button_b.was_pressed()):
        message=str(shu)
        radio.send(message)
```

 小贴士

radio.config(channel=1)用于定义无线电的"频道"，消息将通过此频道发送，并且只有通过此频道收到的信息才可以被放到传入消息队列中。

　　channel 可以是 0～100(含)的任意一个整数值,默认值为 7。

> 📝复习思考题
>
> 　　编写接收部分的程序,把发送的这个数字显示出来,并验证是否正确。

　　例 5.6 中已经完成了发送部分的程序,现在来看接收和扣款部分。

　　首先必须要接收到发送过来的信息,因此,无线信号的组别需要设置在同一个组;之后,接收扣款的数值,把目前的钱减去扣款数,显示剩余部分。

　　【例 5.7】　扣款。

　　假设卡中初始值为 100,代码如下:

```python
from microbit import *
import radio

radio.on()
radio.config(channel=1)
money=100

while True:
    display.scroll(money)
    incoming=radio.receive()
    if incoming is not None:
        money=money-int(incoming)
    sleep(500)
```

　　将上述两个程序下载到两块板卡中进行测试,看是否能实现简易 POS 机的功能?

> 📝复习思考题
>
> 　　在实际生活中,金钱的数量不可以是负的,但是在上面的程序中有可能会出现负数,如何给出提示?

5.3　实践：石头剪刀布

　　"石头剪刀布"是人们经常玩的游戏,把下面的程序分别下载到两块 micro:bit 板卡上进行测试。

　　【例 5.8】　石头剪刀布。

　　编写程序,代码如下:

```python
from microbit import *
import radio


def judge(host,slave):
```

```
    if host==1 and slave==2:
      return 1
    elif host==2 and slave==3:
      return 1
    elif host==3 and slave==1:
      return 1
    elif host==slave:
      return 2
    else:
      return 0

radio.config(length=64,channel=7,group=200)
rock=Image("09090:90909:09090:90909:09090")
scissor=Image("90009:09090:00900:09090:90009")
paper=Image("99999:90009:90009:90009:99999")

image=[rock,scissor,paper]

radio.on()
i=0
while True:
  i=i%3
  if i==0:
    display.show(image[0])
  elif i==1:
    display.show(image[1])
  elif i==2:
    display.show(image[2])
  if button_b.was_pressed():
    i=i+1
  if button_a.was_pressed():
    radio.send(str(i))
    msg=radio.receive()
    while msg==None:
      msg=radio.receive()
    result=judge(i,int(msg))
    if result==0:
      display.scroll("lose")
    elif result==1:
      display.scroll("win")
    elif result==2:
      display.scroll("tie")
```

小贴士

judge(host,slave)用于定义判断函数,平局返回2,赢了返回1,输了返回0。

> radio.config 用于 length 定义通过无线电发送消息的最大长度,最长可以为 251B,默认值为 32B。
>
> 随后定义了"石头剪刀布"的图形,并将它们存放于 image 列表中,供后续使用。
>
> 在循环中,首先通过代码 i＝i％3 对 i 取模,i 的值从 0～2 循环,0 为石头、1 为剪刀、2 为布,然后判断 i 的值,并显示 image 列表中对应的图形。
>
> 按下按钮 B,改变图形。
>
> 按下按钮 A,将 i 的值通过 radio 发送。发送完,等待接收数据;接收到数据后,通过前面定义的 judge() 函数判断输赢并在 LED 点阵上显示。

运行程序,两块板卡分别按下按钮 B,选择如图 5.7 所示的石头、剪刀、布;然后按下按钮 A,显示输赢结果(lose、win、tie)。

图 5.7　石头、剪刀、布的图案

复习思考题

分析程序运行结果,对程序进行改进。

5.4　蓝牙通信

通过 micro:bit 的蓝牙模块可以与手机、平板计算机等设备进行通信。蓝牙一般用来发送数据至手机 App 或者接收手机发送过来的遥控数据。

由于 micro:bit 只有 16KB 的 RAM,而作为低功耗(bluetooth low energy,BLE)设备需要 12KB 的 RAM,所以 MicroPython 没有足够的内存支持蓝牙,但可以使用移动设备的蓝牙 App,通过在线编辑器实现蓝牙通信。

官方推荐的 App 包括 Android 版本(支持 Android 4.4 及以上)、iOS 版本(支持 iOS 8.2 及以上),详见 microbit.org/guide/mobile。

5.4.1　蓝牙配对

在使用手机或平板计算机与蓝牙进行通信之前,需要先进入配对模式,操作步骤如下。

【例 5.9】　蓝牙配对。

(1) 将官方提供的 microbit-pair.hex 文件复制到 micro:bit。

(2) 运行官方 micro:bit App(苹果 Version 3.0.3),在如图 5.8 所示的界面中选中 Choose micro:bit,出现如图 5.9 所示的页面。

(3) 点击 Pair a new micro:bit 按钮,出现如图 5.10 所示界面。

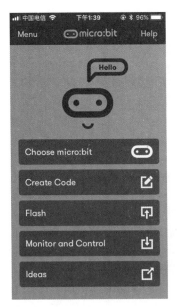

图 5.8 官方 App

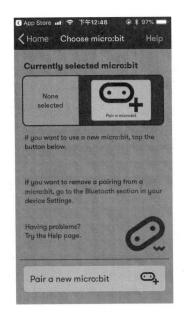

图 5.9 选择 micro：bit

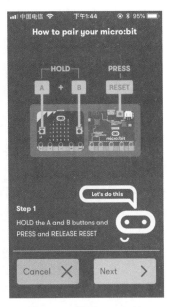

图 5.10 重启 micro：bit

（4）根据提示，在按 micro：bit 按钮 A 和按钮 B 的同时，按背面的重启按钮并释放，micro：bit 的 LED 点阵显示如图 5.11 所示的图案。

（5）点击 App 中的 Next 按钮，手机出现空画面。

（6）在手机上复制如图 5.11 所示的图案，如图 5.12 所示。当手机上的图案与 micro：bit 的相同时，App 上出现"Ooh，pretty！"。

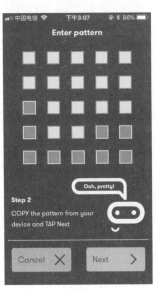

图 5.11 micro：bit 上的 LED 点阵

图 5.12 设置手机内容

（7）点击 Next 按钮，提示按下按钮 A，如图 5.13 所示。

（8）按下按钮 A 后，手机上出现提示"蓝牙配对请求"，如图 5.14 所示。

图 5.13　提示按下按钮 A

图 5.14　App 配对提示

（9）点击"配对"按钮，配对成功，如图 5.15 所示。

（10）点击 OK 按钮，App 如图 5.16 所示。

图 5.15　蓝牙配对成功

图 5.16　当前选择的 micro：bit

5.4.2　代码编写

官方 App 中包含了 5 个样例。

【例 5.10】　样例 compass。

（1）在如图 5.8 所示的 App 首页点击 Flash 按钮，选中 sample：compass，如图 5.17 所示。

（2）如图 5.17 所示，点击 Flash 按钮，将程序写入 micro：bit，如图 5.18 所示。传输完毕，如图 5.19 所示。

图 5.17 选择样例程序

图 5.18 传输程序

micro：bit 中的程序运行效果类似例 4.11，先进行校准，然后根据 micro：bit 的方向，显示 E、S、W 或 N。

（3）点击图 5.17 方块中的"编辑"按钮或 Code Editor，出现如图 5.20 所示的 MakeCode 编辑器（参见第 1 章中），显示程序内容。

图 5.19 程序传输完毕

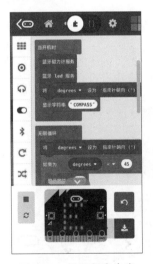

图 5.20 显示程序内容

小贴士

程序在开机时会开启所需要的服务，读取指南针朝向。

在循环中判断 micro：bit 的方向，显示 E、S、W 或 N。

图形界面的编程方法见第 8 章。

【例 5.11】 样例 monitor-services。

（1）在图 5.17 所示的页面中选中 monitor-services，点击 Flash 按钮，将程序下载到 micro:bit。进入编辑器，程序如图 5.21 所示，打开手机与 micro:bit 交互所需要的服务。

（2）在图 5.8 所示的 App 首页中点击 Monitor and Control 按钮，如图 5.22 所示。

（3）点击 Start 按钮，通过蓝牙连接 micro:bit。连接成功后，点击 Add 按钮，如图 5.23 所示。

图 5.21　程序内容

图 5.22　交互页面

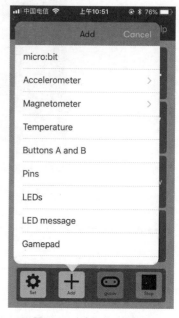

图 5.23　选择交互信息

（4）选中 Accelerometer|Acceleration，手机读取 micro:bit 的信息，如图 5.24 所示。

（5）点击 Add 按钮，选中 Temperature，App 显示读取的信息，如图 5.25 所示。

图 5.24　显示获取的信息

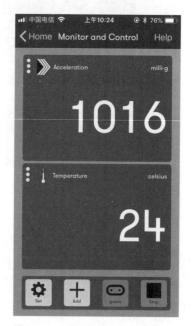

图 5.25　手机读取 micro:bit 信息

（6）点击 Add 按钮，选中 LEDs，在手机上点亮部分 LED。点击 Show 按钮，在 micro：bit 上显示该图案，如图 5.26 所示。

（7）点击 Add 按钮，选中 LED message，在文本框中输入"Hello"。点击 Show 按钮，在 micro：bit 上滚动显示"Hello"，如图 5.27 所示。

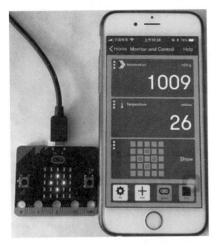

图 5.26　手机发送信息到 micro：bit

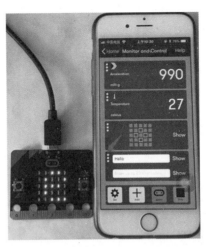

图 5.27　手机发送滚动信息到 micro：bit

（8）点击图 5.27 中箭头所指的按钮，出现如图 5.28 所示的菜单。选中 Show on A and B，点击 Done 按钮，界面上出现如图 5.29 所示的按钮 A 和按钮 B。

图 5.28　显示按钮

图 5.29　按钮控制

（9）点击 App 的按钮 A 或 micro：bit 的按钮 A，在 micro：bit 的 LED 屏上滚动显示"Hello"。

小贴士

点击 App 首页的 Create Code 按钮，可以编写程序：

点击 App 首页的 Ideas 按钮，可以学习蓝牙 App 的使用。

除了官方 App 外，还可以使用第三方 App 进行图形界面的开发，如 nRF Connect for Mobile、Inventor 等。

对于喜欢编写代码实现蓝牙通信的读者，可以通过 ARM 的 Mbed 用 C++ 进行实现，案例参见 https://developer.mbed.org/teams/BBC/code/microbit-samples。

第6章 扩 展 板

学习目标

本章重点学习扩展板及传感器的使用方法。

学习要求

（1）了解输入输出引脚、模拟量与数字量等基本概念。

（2）掌握蜂鸣器、风扇、电位器、声音传感器、五按键、外接 LED、土壤传感器、光线传感器、碰撞传感器、伺服电动机、电动机等模块的程序编写。

使用鳄鱼夹连接 micro:bit 与其他外部设备不是太方便，容易造成短路等情况的发生，如图 6.1 所示。通过扩展板连接传感器等更多外设，可实现更丰富的功能。

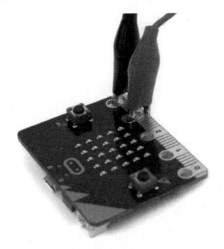

图 6.1　用鳄鱼夹连接 micro:bit

6.1　输入输出引脚

如图 6.1 所示，micro:bit 底边有一个金属条，看起来像牙齿似的，这些是输入输出（I/O）引脚。其中有 5 个大引脚可以连接鳄鱼夹，分别标记有 0、1、2、3V 和 GND（接地），其他小的引脚可以用来插入边缘连接器（扩展板）。

每个引脚都用一个 pinN 对象表示，其中 N 是引脚号。如要对标记为 0 的引脚进行操作，则需要使用名为 pin0 的对象。

引脚是主板与外部设备进行通信的方式，共有 19 个引脚，编号为 0～16 和 19～20，引脚 17 和 18 不可用，如图 6.2 所示。

标记了 0、1、2 的 3 个大引脚通常被称为通用输入输出（general purpose I/O，GPIO）口，通过模数转换器（ADC），这 3 个引脚也能够读取模拟电压，它们都是带 ADC 的 GPIO。

通俗地说，GPIO 就是一些引脚，可以通过它们输出高低电平，或者通过它们读入引脚的状态（是高电平或是低电平）。

GPIO 是个比较重要的概念，用户可以通过 GPIO 口和硬件进行数据交互（如 UART），控制硬件工作（如 LED、蜂鸣器等），读取硬件的工作状态信号（如中断信号）等。通过它们，可以与外界交互，对 micro:bit 进行各种各样的扩展，作为可编程开关控制其他事务，或者用它们从外界接收信息。

GPIO 口的使用非常广泛，掌握 GPIO，差不多相当于掌握了操作硬件的能力。数字艺术家使用它们来创建交互式显示，机器人建造者使用它们来提升自己的作品。

micro:bit 板卡上的 20 个小引脚按照 3～22 的数字顺序排序（这些引脚没有在 micro:bit 上标注出来，但是它们在图 6.2 中有标注）。

与 3 个主要用于外部连接的大引脚不同，micro:bit 上的其他元器件共享一些小引脚。例如，micro:bit LED 点阵上的一些 LED 共享了引脚 3，所以如果想用屏幕滚动显示一些信息，就不能使用这个引脚。下面是各个引脚的相关信息。

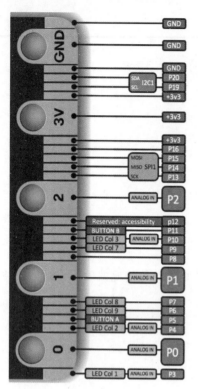

图 6.2　micro:bit 的引脚及编号

- 引脚 3：LED 点阵上的第 1 排 LED 共享的 GPIO；当 LED 点阵关闭时，它可以用于 ADC 和数字 I/O。
- 引脚 4：LED 点阵上的第 2 排 LED 共享的 GPIO；当 LED 点阵关闭时，它可以用于 ADC 和数字 I/O。
- 引脚 5：按钮 A 共享的 GPIO。这个引脚有一个上拉电阻，这意味着它的默认电压是 3V。如果要用一个外接按钮代替 micro:bit 上的按钮 A，可以把外接按钮的一端接到引脚 5，另一端接到 GND。当按钮被按下时，引脚 5 的电压被下拉至 0，从而生成一个按钮被按下的事件。
- 引脚 6：LED 点阵上的第 9 排共享的 GPIO。当 LED 点阵被关闭时，它可以用作数字 I/O 口。
- 引脚 7：LED 点阵上的第 8 排共享的 GPIO。当 LED 点阵被关闭时，它可以用作数字 I/O 口。
- 引脚 8：发送和感知数字信号的 GPIO 口。
- 引脚 9：LED 点阵上的第 7 排共享的 GPIO。当 LED 点阵被关闭时，它可以用作数字 I/O 口。
- 引脚 10：LED 点阵上的第 3 排 LED 共享的 GPIO；当 LED 点阵关闭时，它可以用于 ADC 和数字 I/O。
- 引脚 11：按钮 B 共享的 GPIO。
- 引脚 12：发送和感知数字信号的 GPIO 口。
- 引脚 13：通常用于 3 线串行外围接口（SPI）总线的串行时钟（SCK）信号的 GPIO。
- 引脚 14：通常用于 SPI 总线的"主机输入，从机输出（MISO）"信号的 GPIO。
- 引脚 15：通常用于 SPI 总线的"主机输入，从机输出（MISO）"信号的 GPIO。
- 引脚 16：专用 GPIO 口（通常也用于 SPI 芯片选择）。
- 引脚 17 和 18：这两个引脚连接 3V 的电源，例如，大型的 3V 电池板。
- 引脚 19 和 20：引出 IIC 总线通信协议的时钟信号（SCL）和数据线（SDA）。IIC 可以使同一总线连接多个设备，并且从 CPU 上发送或读取信息。Micro:bit 内置的加速度计和指南针连接到了 IIC。
- 引脚 21 和 22：这两个引脚连接了 GND。

想了解每个引脚的具体功能,在"代码"窗口中输入

```
from microbit import *
```

后,单击 REPL 按钮,在 REPL 窗口中输入"引脚名.",然后按 Tab 键,结果如图 6.3 所示。

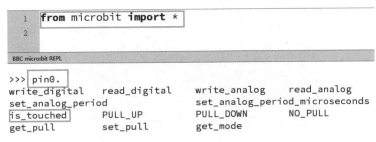

图 6.3　引脚功能

【例 6.1】　触碰引脚。

通过引脚输入最简单的例子是检查引脚是否被触碰,编写程序,代码如下:

```
from microbit import *

while True:
    if pin0.is_touched():
        display.show(Image.HAPPY)
    else:
        display.show(Image.SAD)
```

小贴士

引脚 0 作为 micro:bit 模块的属性,代码中用 pin0 表示。

is_touched():如果引脚被手指触碰则返回 True,否则返回 False。

运行程序,显示"哭脸"图案;当用一只手握住设备的引脚 GND,另一只手触摸引脚 0(pin0) 时,显示"笑脸"图案。

以上是一个非常基础的检测输入的方式,想要实现更丰富的功能,可以通过引脚接入其他设备。但一方面使用鳄鱼夹进行连接不方便,另一方面复杂的功能仅仅使用 micro:bit 还不够,这就需要通过特定的扩展板来实现。

市场上有各种各样的扩展板,本书采用中国安芯教育的扩展板,如图 6.4 所示。

扩展板的左侧有 4 个 USB 接口和 1 个电源开关。最上面的是电源接口,与外接电源连接,给所有的设备供电;另 3 个外接 USB 接口可以连接外接传感器,一般情况下可以通用。

右侧有 4 个可以连接传感器的 USB 接口(最上方的 USB 接口只能连接 IIC 通信方式的传感器,如 OLED 显示屏)和 1 个蜂鸣器开关。

下面中间有 3 个伺服电动机接口,伺服电动机接口可以连接伺服电动机,伺服电动机接口两边分别是左右电动机接口,外接直流电动机。

主板中间是 micro:bit 卡槽,用于安装 micro:bit 主控板。主控板的安装有严格的步骤。首先确保

图 6.4　扩展板

电源断开，将 micro:bit 主控板正面向上(LED 点阵向上)，引脚一侧插入卡槽中。在过程中主要注意不要把扩展板上的小器件撞坏，损坏扩展板。

连接外部器件的注意事项如表 6.1 所示。

表 6.1　连接外部器件的注意事项

器件名称	使用端口	说　明
蜂鸣器	P0	蜂鸣器默认使用的是 P0 口。在使用蜂鸣器时，蜂鸣器开关被打开后，J3 接口上的 P0 口不可以再使用。在不使用时应及时开闭，防止干扰
LED 点阵	P3、P4、P6、P7、P9、P10	板卡上的 LED 点阵使用的是 P3、P4、P6、P7、P9 和 P10 接口，在刷新时可能会导致这些端口出现未知错误。若要使用这些端口，应在程序 LED 项中把使能显示设置为 False，以关闭显示
A/B 键	P5、P11	板卡上的按键 A、B 使用的是 P5 和 P11 口，使用扩展板的时候不可以与 J6 接口同时使用
IIC	P19、P20	P19 和 P20 口作为 IIC 通信接口，仅可连接 IIC 通信的传感器与扩展板
电动机接口	P13、P14、P15 和 P16	P13、P14、P15 和 P16 仅作为电动机接口，可连接直流电动机
伺服电动机接口	P12、P7 和 P8	P12、P7 和 P8 仅作为伺服电动机接口

小贴士

在正常使用时，应注意以下几点：
- 所有的设备都不要放在桌面的边缘，防止掉落。
- 因为设备没有外包装，电路都是裸露在外面的，使用的时候不要用导电的物品接触设备，防止因短路而引发危险。

- 设备是不能接触水的,以远离有水的地方。
- 使用过程中如发现高温、冒烟等情况,应立即关闭电源,以免发生危险。
- 不要给设备连接高于5V的电源。

6.2 蜂鸣器

micro:bit能够连接的最简单外部设备就是蜂鸣器。蜂鸣器采用直流电压供电,在计算机、打印机、复印机、报警器、电子玩具、汽车电子设备、电话机、定时器等电子产品中作为发声器件使用。

蜂鸣器分为有源蜂鸣器和无源蜂鸣器两种,有源蜂鸣器直接接上额定电源就可以连续发声;而无源蜂鸣器则和电磁扬声器一样,需要接在音频输出电路中才能发声。

有源蜂鸣器与无源蜂鸣器中的"源"不是指电源,而是指振荡源。也就是说,有源蜂鸣器内部带振荡源,所以只要一通电就会鸣叫;而无源内部不带振荡源,所以用直流信号无法令其鸣叫,必须用 $2\sim5\mathrm{kHz}$ 的方波去驱动它。有源蜂鸣器往往比无源的贵,就是因为里面多了振荡电路。

无源蜂鸣器的优点是价格便宜、声音频率可控(可以演奏音乐);在一些特例中,可以与LED复用一个控制口。

有源蜂鸣器的优点是程序控制方便。

蜂鸣器主要用于提示或报警,可根据设计和用途的不同发出音乐声、汽笛声、蜂鸣声、警报声、电铃声等各种不同的声音。例如,洗衣机中的蜂鸣器可发出声音,提示用户操作进程。燃气灶具中的蜂鸣器通过发出警报声,提示用户燃气泄漏。作为门铃应用的蜂鸣器会发出"叮咚"声或音乐,提示有客人来访。在公安、银行、家庭安装的蜂鸣器,在有人进入警戒区后,蜂鸣器会在传感器控制下发出报警声。在工厂、学校应用的蜂鸣器,会发出铃声,提示工作、学习的开始与结束。

扩展板上的蜂鸣器接在PIN0口,如图6.5所示。

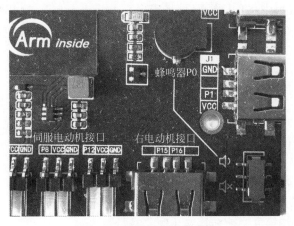

图6.5 扩展板上的蜂鸣器

如果没有扩展板,可以使用其他蜂鸣器,只要按图6.6进行连接即可。

下面的程序实现让蜂鸣器发出简单声音的功能。

【例6.2】 节拍器。

编写程序,代码如下:

(a) 连接示意图　　　　　　　　　　　(b) 鳄鱼夹的连接

图 6.6　蜂鸣器

```
from microbit import *

while True:
    pin0.write_digital(1)
    sleep(20)
    pin0.write_digital(0)
    sleep(480)
```

小贴士

write_digital(value)：value 值为 1 设置引脚为高电平，如果是 0 设置为低电平。

进入无限循环，引脚 P0 设置为高电平，蜂鸣器发出声音，当蜂鸣器响时，设备休眠 20ms。

接着引脚 P0 关闭，在重新开始循环发声之前，设备休眠 480ms。

将 micro:bit 插入扩展板中，打开电源后，将程序写入 micro:bit。打开蜂鸣器开关，就可以听到节拍声（每 500ms 一次，每秒会听到两次哔哔鸣响）。

6.2.1　音乐

在 MicroPython 中配有强大的音乐和声音模块——music 模块（库），包含了制作和控制声音的方法。

music 库包含相当多的内置旋律，下面是一个完整的列表。

- DADADADUM：贝多芬《C 小调第五交响曲开场》。
- ENTERTAINER：Scott Joplin 的爵士乐经典 *The Entertainer*（演艺人）的开场片段。
- PRELUDE：巴赫的《C 大调前奏曲》和《赋格曲》的前奏曲开场。
- ODE：贝多芬《D 小调第九交响曲》《欢乐颂》主题。
- NYAN：《彩虹猫》主题（http://www.nyan.cat/）。
- RINGTONE：听起来像是手机铃声，用于指示传入消息。
- FUNK：为特务间谍和犯罪策划者设计的粗犷的低音线。
- BLUES：*Boogie Woogie*（布吉岛吉）12 小节蓝调低音群持续复奏。
- BIRTHDAY：《生日快乐……》。
- WEDDING：来自瓦格纳的歌剧《罗恩格林》中的《婚礼合唱》。

- FUNERAL：《葬礼进行曲》，即肖邦的《降 b 小调第二钢琴奏鸣曲》第 3 乐章。
- PUNCHLINE：一个表示笑话的有趣片段已经制作完成。
- PYTHON：约翰·菲利普·苏萨的《自由之钟进行曲》。
- BADDY：无声电影时代的入口的一个坏人。
- CHASE：无声电影时代的追逐现场。
- BA_DING：表示发生了一些事情的短信号。
- WAWAWAWAA：一个非常悲伤的长号。
- JUMP_UP：用于游戏中，指示向上移动。
- JUMP_DOWN：用于游戏中，指示向下移动。
- POWER_UP：一场宣传，表示一项成就解锁。
- POWER_DOWN：一场悲伤的宣传，表示一项成就的丧失。

【例 6.3】 播放音乐。

编写程序，代码如下：

```
from microbit import *
import music


music.play(music.NYAN)
```

小贴士

播放命令格式如下：

```
music.play(music,pin=microbit.pin0,wait=True,loop=False)
```

默认情况下，music 模块通过引脚 0 连接扬声器。

如果是非扩展板上的蜂鸣器，也可以接在其他引脚上，只要在程序中更改对应的 pin 口即可，如：

```
music.play(music.BIRTHDAY,pin=pin1)
```

复习思考题

改变例子中的旋律，你最喜欢哪个？

6.2.2　作曲

使用 micro:bit，可以自己作曲。在 MicroPython 中，对应 Do、Re、Me、Fa、Sol、La、Si 的是 C、D、E、F、G、A、B。

【例 6.4】 播放 Do、Re、Me、Fa、Sol、La、Si。

编写程序，代码如下：

```
from microbit import *
import music

while True:
    if button_a.is_pressed():
        music.play('C')
        music.play('D')
        music.play('E')
        music.play('F')
        music.play('G')
        music.play('A')
        music.play('B')
```

上面的代码可以进一步简化。

【例 6.5】 简化例 6.4 的代码。

简化后的代码如下：

```
from microbit import *
import music

while True:
    if button_a.is_pressed():
        tune=["C", "D", "E", "F", "G", "A", "B"]
        music.play(tune)
```

使用名为 R 的音，MicroPython 会在指定的时间内播放休止符（即静音）。

【例 6.6】 加休止符。

编写程序，代码如下：

```
from microbit import *
import music

while True:
    if button_a.is_pressed():
        tune=["C", "D", "E", "F", "R", "G", "A", "B"]
        music.play(tune)
```

【例 6.7】 升号（♯）降号（b）。

编写程序，代码如下：

```
from microbit import *
import music

while True:
    if button_a.is_pressed():
        tune=["G", "A", "B", "R", "Gb", "Ab", "Bb", "R", "G# ", "A# ", "B# "]
        music.play(tune)
```

　　每个音都有自己的名称(比如 C♯ 或 F)、八度音阶(要告诉 MicroPython 播放高音还是低音)和音长(播放音的持续时间)。

　　八度音阶是用数字来表示的,其中 0 表示最低;4 表示中音八度音阶;8 表示高音。MicroPython 中默认值为 4,即 C 就是 C4。

　　音长也是用数字表示的,数字越大,音长越长。音长的数值是相互联系的。例如,音长 4 的持续时间是音长 2 的两倍。MicroPython 中默认值为 4。

　　每个音都由字符串表达,"A1:4" 指的是八度音阶为 1 的名为 A 的音,将在音长 4 期间播放。

就像图像列表可以做动画一样,可以通过音符列表来创作一段旋律。

【例 6.8】 雅各兄弟开头。

编写程序,代码如下:

```
from microbit import *
import music

tune=["C4:4", "D4:4", "E4:4", "C4:4", "C4:4", "D4:4", "E4:4", "C4:4","E4:4", "F4:4", "G4:8",
      "E4:4", "F4:4", "G4:8"]
music.play(tune)
```

MicroPython 可以帮助简化上面的旋律,它会记住八度音阶和音长的值,直到下一次改变它们。因此,上面的例子可以重写如下。

【例 6.9】 简化例 6.8 的程序。

编写程序代码如下:

```
from microbit import *
import music

tune=["C4:4", "D", "E", "C", "C", "D", "E", "C", "E", "F", "G:8","E:4", "F", "G:8"]
music.play(tune)
```

　　代码中,八度音阶和音长的值只在必要时发生变化,这样代码更短和易读。

还可以通过不同的按键或者电位器不同的值来控制蜂鸣器发出不同的声音。

【例 6.10】 电子钢琴。

编写程序,代码如下:

```
from microbit import *
import music
```

```
while True:
    if button_a.is_pressed():
        tune=["D4:1"]
    music.play(tune)
    elif button_b.is_pressed():
        tune=["E4:1"]
        music.play(tune)
```

MicroPython 还可以制作不是乐符的声调。

【例 6.11】 警车声效。

编写程序，代码如下：

```
from microbit import *
import music

while True:
    for freq in range(880, 1760, 16):
        music.pitch(freq, 6)
    for freq in range(1760, 880, -16):
        music.pitch(freq, 6)
```

小贴士

range() 函数用于生成数值范围，这些数值用于定义音调高低。它的 3 个参数分别表示起始值、结束值以及步长（让一个数值在每次运算中加上步长，然后重复执行此项运算）。

range(880,1760,16) 表示 880～1760 范围内，以 16 为单位递增的所有整数，即 880、896、…、1760；range(1760,880,−16) 表示 1760～880 范围内，以 16 为单位递减的所有整数。

在 while 循环中嵌入 for 循环，其 freq 的值为上述函数 range() 生成的值。

for 循环中的每个数据项要缩进，以便 Python 能确切地知道要运行哪些代码来处理单个事项。

music.pitch(freq,6) 方法的使用：程序中，它后面跟着的是频率，如 880、896、…、1760，播放每个频率的音调持续 6ms。这就是获得一系列波动频率，从而发出警笛声的方法。

复习思考题

如何实现按下按钮 A，增加 1ms；按下按钮 B 减少 1ms，调节警笛声音的效果。

6.2.3 语音合成

语音合成能使 micro:bit 谈话、唱歌，并发出类似声音一样的其他语音。该功能的实现会用到 speech 库，其中，say() 函数可以很容易地产生语音。

【例 6.12】 说话。

编写程序，代码如下：

```
from microbit import *
import speech

speech.say("I can sing!")
sleep(2000)
speech.say("Listen to me!")
```

【例 6.13】　随机说话。当按下按钮 A 时,micro:bit 随机说出列表中的话。

编写程序,代码如下:

```
from microbit import *
import speech,random

messages=["hello", "nice to meet you" ,"how are you"]
while True:
    if button_a.was_pressed():
        message=random.choice(messages)
        speech.say(message)
```

小贴士

语音的质量不够好,只能用"差强人意"来形容。

语音合成器可以从最多 255 个字符的文本输入中产生大约 2.5s 的声音。

格式如下:

```
speech.say(words,pitch=64,speed=72,mouth=128,throat=128)
```

声音的音色就是声音的质量,要控制音色只需改变 pitch(音调)、speed(音速)、mouth 和 throat 参数数值即可,它们的范围都是 0~255。

对于 mouth,数字越低,说话者听起来就越像没有动嘴巴说话;数字越高,听起来就越像特别夸张的嘴巴动作发出的声音。

对于 throat,数字越低,说话者听起来就越放松,数字越高,语调变得越紧张。

重要的是试验和调整设置,直到得到想要的效果为止。

复习思考题

尝试各种参数进行语音合成。

6.3　数字量与模拟量

micro:bit 的引脚 0、1 和 2 是带 ADC 的 GPIO,可以对数字量和模拟量进行读写操作。

6.3.1　风扇

小到生活中的消暑纳凉,大到工业生产中的给设备散热,都会用到风扇。

1829 年，一个名为詹姆斯·拜伦的美国人从钟表的结构中受到启发，发明了一种可以固定在天花板上，用发条驱动的机械风扇。这种风扇转动扇叶带来的徐徐凉风使人感到欣喜，但必须爬上梯子去上发条，很麻烦。

1872 年，一个名为约瑟夫的法国人研制出一种靠发条涡轮启动，用齿轮链条装置传动的机械风扇，这个风扇比拜伦发明的机械风扇精致多了，使用也方便些。

1880 年，美国人舒乐首次将叶片直接装在电动机上，再接上电源，叶片飞速转动，阵阵凉风扑面而来，这就是世界上第一台电风扇。

风扇有各种不同的种类，如吊扇、落地扇、迷你风扇等。下面，就来制作一个简单的迷你小风扇。

micro:bit 套件中的风扇模块所用的电动机是直流电动机，它可将电能转换成机械能，带动风扇叶片，叶片又带动周围的空气形成风。

首先，将风扇模块连接到电路中，编写程序让它转动起来；然后使用 micro:bit 主控板自带的两个按钮作为开关进行控制，这样就可以实现风扇的功能。

【例 6.14】 小风扇。

在电源关闭的状态下，把 micro:bit 主控板插入中间的卡槽，然后通过双头 USB 接口把风扇模块和扩展板的 J2 接口连接在一起，最后通过双头 USB 接口一头连接到扩展板左上角的电源接口，另一头连接到电源（充电宝）或计算机的 USB 接口。连接方式如图 6.7 所示。

图 6.7　风扇的连接

编写程序，代码如下：

```
from microbit import *

while True:
    if button_a.is_pressed():
        pin2.write_digital(1)
    elif button_b.is_pressed():
        pin2.write_digital(0)
```

> **小贴士**
>
> 在数字电路中,引脚只有"1"和"0"两种数据,"1"表示进入工作状态,风扇启动;"0"表示不在工作状态,风扇关闭。
>
> 风扇模块的 USB 接口旁边标注着 VCC/SIG/GND,其中 VCC 表示电源,SIG 是风扇模块的 I/O 口,GND 表示接地。
>
> 它们分别连接扩展板 J2 接口的 VCC/P2/GND 口,扩展板的 P2 与 micro:bit 主板的 P2(pin2)连接。
>
> 按下 micro:bit 主板上的按钮 A,执行
>
> ```
> pin2.write_digital(1)
> ```
>
> 风扇启动;按下 micro:bit 主板上的按钮 A,执行
>
> ```
> pin2.write_digital(0)
> ```
>
> 风扇关闭。

下载程序到主板,打开扩展板电源开关,分别按下主板上的按钮 A 和 B 进行测试。

复习思考题

(1) 如何使用不同的接口实现风扇启动和关闭的功能?计算机如何连接程序,应当如何编写呢?

(2) 程序如何修改才可以实现按下按钮 B 启动风扇,按下按钮 A 关闭风扇的功能呢?

6.3.2 实践:风速调节

6.3.1 节制作的小风扇最主要的缺点就是没有办法调节风速,这一节通过调节器给小风扇增加调节速度的功能。

日常生活中使用的调节器一般有按钮和旋钮两种,落地扇一般用按钮调节,吊扇一般使用旋钮调节。与之类似,汽车上的空调、音响声音的大小、微波炉火力的大小等都是通过旋钮实现调节的。旋钮本质上是一个电位器,通过转动控制不同的电位,实现调节的功能。

电位器是具有 3 个引出端、阻值可按某种变化规律调节的电阻元件,电位器通常由电阻体和可移动的电刷组成。当电刷沿电阻体移动时,在输出端就获得与位移量成一定关系的电阻值或电压。电位器既可作为三引脚元件使用也可作为二引脚元件使用,后者可视作为可变电阻器。

想要通过电位器实现风速的调节,首先需要知道电位器给出值的范围,这样才能够把它和风扇的速度一一对应;之后把电位器的值发送给风扇,风扇根据该值确定不同的速度,重复循环之后就可以实时调节风速。

本节需要对引脚的信号模拟读取和写入,信号可以分为数字信号和模拟信号,数字信号 6.3.1 节已经使用过,本节介绍如何使用模拟信号进行控制。模拟信号的范围是 0~1023,并且是可以连续变化的。

【例 6.15】 风速调节器。

将风扇模块连接到扩展板的 J2 接口，电位器连接到 J1 接口，电位器接线示意图如图 6.8 所示，实物连接如图 6.9 所示。

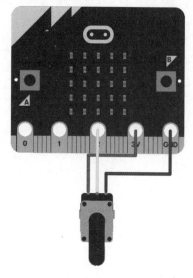

图 6.8　风速调节电位器的接线示意图

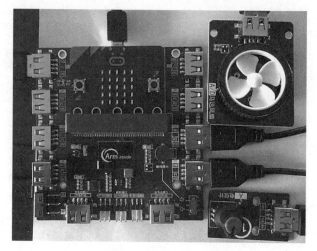

图 6.9　实现风速调节功能的实物连接

编写程序，代码如下：

```python
from microbit import *

while True:
    pin2.write_analog(pin1.read_analog())
```

小贴士

pin1.read_analog()用于通过 pin1 读取电位器的值。

pin2.write_analog()用于把读取的模拟值写到 pin2 口。

风扇根据值的大小改变转速。

虽然信号分为模拟和数字信号，但是有些传感器是模拟信号和数字信号都能够控制的。

观察套件中风扇模块上面 A/D 的标识，A 表示模拟信号，D 表示数字信号，A/D 则表示模拟信号和数字信号都可以控制，所以套件中的风扇是能够通过电位器控制的。

复习思考题

如何实现在使用电位器控制风扇速度的同时，显示电位器的值？

6.3.3　实践：声控风扇

当有人走过昏暗的楼道，灯会自动点亮，既方便了人们的出行，又节约电能；医生会让有听力障碍的患者使用助听器，帮助他们听到外面的声音。

为什么能够实现这些功能呢？这是因为使用了声音传感器。

声音传感器是一种可以检测、测量或显示声音波形的传感器，被广泛应用于日常生活、军事、医疗、工业、航海、航天等领域中，成为现代社会发展不可或缺的部分。

声音传感器的作用相当于一个传声器（俗称麦克风或话筒），用于接收声波，显示声音的振动图像，但不能对噪声的强度进行测量。

声音传感器内有一个对声音敏感的电容式驻极体，声波使驻极体薄膜振动，导致电容变化，从而产生与之对应变化的微小电压。此电压会被转换成 0～5V 的电压，经过模板转换后被数据采集器接收，并传送给计算机。

6.3.2 节实现了风扇的调速控制功能，但是在夏天睡觉的时候，如果感觉热了或者冷了，需要调节风速，但又不想起床，有什么方法可以实现远程控制呢？本节学习如何使用声音控制风扇的速度。

想要通过声音传感器来控制风扇的速度，不能直接把声音的音量大小作为风扇的风速大小的指标。如果这样，就需要一直保持同样大小的音量，这是不现实的。所以需要每隔一段时间对音量进行检测，确定风扇的速度。

当人们睡着时，一般会比较安静，这时不能把风扇关闭，而是需要通过音量的合适值来调节风扇的风速。所以需要事先采集一些数据，才能设定合适的值。模拟信号的范围在 0～1023，但是实际中往往达不到 1023 这样的峰值，需要进行相应的测试，使得传感器满足实际的生活需要。

本节首先对声音传感器进行测试，然后选择合适的临界值。根据不同的临界值，风扇实现大、中、小3挡进行工作。

【例6.16】 声音传感器测试。

将声音传感器接 J1 接口，使用 LED 点阵显示声音大小。

编写程序，代码如下：

```python
from microbit import *

while True:
    temp=pin1.read_analog()
    display.scroll(temp)
    sleep(1000)
```

📖 复习思考题

(1) 把程序下载到主控板上，启动之后，对着声音传感器发出声音，看看显示的数值大小是多少？最大能不能达到 1023 分贝？

(2) 在安静的环境和嘈杂的环境下数值的范围大概是多少？

💻 小贴士

经过测试，发现声音很难达到最大值 1023 分贝，基本在 200～600 分贝。

比较安静的时候数值在几十分贝，嘈杂的环境下为四五百分贝（根据实际情况可能不同，需要自己测试相关数据）。

下面就可以根据不同的值进行相应的操作。

【例 6.17】 声控风扇。

将风扇模块接 J2 接口，声音传感器接 J1 接口，如图 6.10 所示。

图 6.10　声控风扇的连接

编写程序，代码如下：

```python
from microbit import *

while True:
    temp=pin1.read_analog()
    if temp<=200:
        pin2.write_analog(100)
    elif temp>500:
        pin2.write_analog(1000)
    else:
        pin2.write_analog(500)
```

下载程序，进行测试。

 复习思考题

　　如何通过判断声音，用数字量控制风扇的开关？

6.4　实践：智能抢答器

　　第 2 章中已讲述过内置按钮的使用，在学会外接设备之后，便会知道，如果添加外接按钮，每个按钮都需要外接一个端口。接在 PIN0 口的外接按钮和连接电路如图 6.11 所示。

　　如果只使用一两个按钮，是没有问题的，但是如果使用多个按钮，外接的端口是不够用的，这样就需

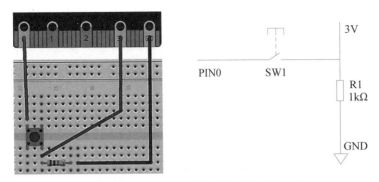

图 6.11 接在 PIN0 口的外接按钮和连接电路

要五按键模块。

五按键模块的操作就是通过不同按钮的电阻值改变相应的电压值,然后呈现不同的模拟信号数值。当长按不同的按钮,最后显示的信号都有一定的差异。

把五按键模块连接到 J1,如图 6.12 所示。

图 6.12 五按键模块的连接

【例 6.18】 测试五按键模块各个按键的值。

编写程序,代码如下:L

```
from microbit import *

while True:
    temp=pin1.read_analog()
    display.scroll(temp)
    sleep(1000)
```

下载程序,观察 LED 点阵的显示内容。

> 小贴士

没有按键按下时，显示1023；按下按键 A 时显示52；按下按键 B 时显示201；按下按键 C 时，显示348；按下按键 D 时，显示519；按下按键 E 时，显示724。

根据这些按键显示内容，就可以编写抢答器程序。

【例 6.19】 抢答器。

编写程序，代码如下：

```
from microbit import *

while True:
    temp=pin1.read_analog()
    if temp<=150:
        display.show("A")
    elif temp<=300:
        display.show("B")
    elif temp<=450:
        display.show("C")
    elif temp<=550:
        display.show("D")
    elif temp<=1000:
display.show("E")
    else:
        display.show(Image.HEART)
```

下载程序，根据按下的键显示相关的抢答内容：A、B、C、D、E；在没有按下键的时候，显示一个爱心，表示还没有任何一个人知道答案。

 复习思考题

如何将多按钮与风扇结合，实现可以调节挡位的风扇？

6.5 外接 LED

除了内置的 LED 点阵外，通过引脚还可以控制外接 LED，下面的程序实现呼吸灯功能。

将外接 LED 通过 USB 线插到扩展板的 J1 接口，接线示意图如图 6.13 所示，连接如图 6.14 所示。

【例 6.20】 呼吸灯。

编写程序，代码如下：

```
from microbit import *
import random


num=0
```

```
flag=True

while True:
  if flag==True:
    num+=random.randint(1,20)
    if num>255:
      flag=False
  elif flag==False:
    num -=random.randint(1,20)
    if num<20:
      flag=True
  pin1.write_analog(num)
  sleep(100)
```

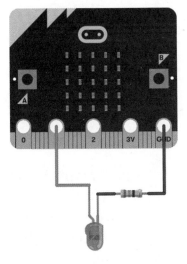

图 6.13 外接 LED 的接线示意图

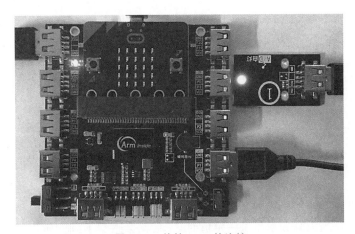

图 6.14 外接 LED 的连接

小贴士

变量 num 表示 LED 的亮度,变量 flag 表示标志位。

代码 num+=random.randint(1,20)等价于 num=num+random.randint(1,20)。

if 系列代码控制 LED 的亮度,实现呼吸灯的效果。

下载程序,进行测试。

6.5.1 脉宽调制

前面章节已经学习了引脚读写的方式,小结如下。

(1) read_digital(),如果引脚为高电平,则返回 1;如果引脚为低电平,则返回 0。

(2) write_digital(value):如果 value 的值为 1,将引脚设置为高电平;如果为 0,就将其设置为低电平。

（3）read_analog()：读取引脚的电压，并将其作为 0(0V)～1023(3.3V)的整数返回。

（4）write_analog(value)：将 value 作为 PWM 值输出，value 可以是 0(0％占空比)～1023(100％占空比)的数。

占空比是指在一个周期内，信号处于高电平的时间占据整个信号周期的百分比，如图 6.15 所示。

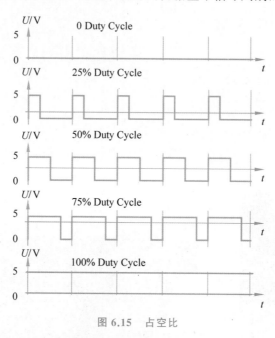

图 6.15　占空比

对于 LED 的亮度调节，有一个传统办法，就是串联一个可调电阻，改变电阻，灯的亮度就会改变。

还有一个办法，就是脉宽调制(pulse width modulation，PWM)，不用串联电阻，而是串联一个开关。

假设在 1s 内，有 0.5s 的时间开关是打开的，0.5s 关闭，那么 LED 就亮 0.5s，灭 0.5s。这样持续下去，LED 就会闪烁。如果把频率调高一点，例如 1ms，其中 0.5ms 开，0.5ms 灭，那么 LED 的闪烁频率就很高。当闪烁频率超过一定值时，人眼就会感觉不到。所以，这时看不到 LED 的闪烁，只看到 LED 的亮度只有原来的一半。同理，如果 1ms 内，0.1ms 开，0.9ms 灭，那么，LED 的亮度就只有原来的 1/10。这就是 PWM 的基本原理。

小贴士

对于 write_analog(value)中的 value 值，write_analog(511)的占空比为 50％，高低电平各占一半，其结果和 1.65V 差不多。

write_analog(255)的占空比为 25％，它的效果如同引脚上输出 0.825V。

write_analog(767)的占空比为 75％，相当于在引脚上输出 2.475V。

通过切换电压的高低可以控制 LED 的亮度或电动机的速度。

【例 6.21】　控制 LED 的亮度。

编写程序，代码如下：

```
from microbit import *

item_Num=0

while True:
  if button_a.was_pressed():
    sleep(200)
    item_Num=item_Num+1
    if item_Num==1:
      pin1.write_analog(60)
    elif item_Num==2:
      pin1.write_analog(500)
    elif item_Num==3:
      pin1.write_analog(1023)
    elif item_Num==4:
      pin1.write_analog(0)
      item_Num=0
```

下载程序,通过按钮可以实现 LED 亮度的分挡调节:按第 1 下亮、第 2 下更亮、第 3 下最亮、第 4 下灭……

通过 PWM 实现呼吸灯的程序如下。

【例 6.22】 呼吸灯 2。

编写程序,代码如下:

```
from microbit import *

m=3
n=2

while 1:
  for i in range(0,1024,m):
    pin1.write_analog(i)
    sleep(n)
  for i in range(0,1024,m):
    pin1.write_analog(1023-i)
    sleep(n)
```

📝 复习思考题

(1) 代码中,参数 m、n 的作用是什么? 改变它们的值试试。

(2) 比较它与上一个呼吸灯的区别。

6.5.2　实践：红绿灯系统

随着人们生活水平的逐步提高，路上的车辆也越来越多，为避免交通拥堵，降低交通事故，很多的交通路口都会安装红绿灯。

小贴士

1858 年，在英国伦敦主要街道就安装了以煤气灯为光源的红、蓝两色机械扳手式信号灯，用以指挥马车通行，这是世界上最早的交通信号灯。1914 年，电气启动的红绿灯出现在美国。

信号灯的出现，使交通得以有效控制，对于疏导交通流量，提高道路通行能力，减少交通事故有明显效果。1968 年，联合国《道路交通和道路标志信号协定》对各种信号灯的含义作了规定。绿灯是通行信号，面对绿灯的车辆可以直行、左转弯和右转弯，除非另一种标志禁止某一种转向。左右转弯车辆都必须让合法的正在路口内行驶的车辆和过人行横道的行人优先通行。红灯是禁行信号，面对红灯的车辆必须在交叉路口的停车线后停车。黄灯是警告信号，面对黄灯的车辆不能越过停车线，但车辆已十分接近停车线而不能安全停车时可以进入交叉路口。此后，这一规定在全世界开始通用。

下面模拟一个红绿灯系统。

红绿灯系统需要 3 种颜色的灯，按照顺序分别去点亮它们，并且每种颜色的灯亮不同的时间。但是，micro:bit 主控板上只有 LED 点阵，并没有红色、绿色和黄色的 LED。因此，本节需要通过扩展板使用外接的 LED 模块。

【例 6.23】　红绿灯系统。

将红色、绿色和黄色 3 个 LED 通过 USB 线分别插到扩展板的 J1、J2 和 J3 口，如图 6.16 所示。编写程序，代码如下：

```
from microbit import *

display.off()
pin1.write_digital(0)
pin2.write_digital(0)
pin3.write_digital(0)

while True:
    pin1.write_digital(1)
    sleep(5000)
    pin1.write_digital(0)
    pin2.write_digital(1)
    sleep(5000)
    pin2.write_digital(0)
    pin3.write_digital(1)
    sleep(2000)
    pin3.write_digital(0)
```

图 6.16　红绿灯的连接

> **小贴士**
>
> 　　代码 display.off() 的作用是将 LED 点阵的显示关闭,因为板载 LED 点阵使用 P3、P4、P6、P7、P9 和 P10 接口(参见 6.1 节),而本例中的黄色 LED 要用到 J3 接口中的 P3 端口,如果不关闭显示,会导致错误。
>
> 　　程序启动后,3 个 LED 全部熄灭。红色 LED(pin1)亮 5s;红色 LED 熄灭后,绿色 LED(pin2)亮 5s,绿色 LED 灯熄灭后,黄色 LED(pin3)亮 2s。

下载程序,进行测试。

复习思考题

　　(1) 根据真实的情况,让红、绿灯亮 30s,黄灯亮 3s,如何实现?
　　(2) 生活中看到的红绿灯在快要结束的时候,都会有闪烁提示,如何实现?

6.5.3　实践:遥控 LED

　　本节用无线通信的方式遥控 LED 的开关,在一块 micro:bit 主控板上通过分别按下按钮 A 和 B,实现对另一块 micro:bit 主控板上连接的 LED 进行开关的控制。

【例 6.24】　发送部分。

通过按钮发送控制信号,程序如下:

```
from microbit import *
import radio


radio.on()
radio.config(power=7)


while True:
```

```
if(button_a.was_pressed()):
    radio.send("H")
elif(button_b.was_pressed()):
    radio.send("L")
sleep(100)
```

将程序下载到 micro:bit 主控板上。

【例 6.25】 接收部分。

收到控制信号实施控制 LED 开关的程序如下：

```
from microbit import *
import radio

radio.on()
radio.config(power=7)

pin1.write_digital(0)

while True:
    message=radio.receive()
    if message is not None:
        display.show(message)
    if (message=="H"):
        pin1.write_digital(1)
    if (message=="L"):
        pin1.write_digital(0)
```

将程序下载到另一块 micro:bit 主控板上，将它插在扩展板上，并将 LED 连接到扩展板的 J1 口上。

连接电源，按下第一块主控板的按钮 A，插在扩展板上的主控板的 LED 点阵显示发送的信息“H”，同时 LED 亮；按下第一块主控板的按钮 B，插在扩展板上的主控板的 LED 点阵显示发送的信息“L”，同时 LED 灭，如图 6.17 所示。

(a) 遥控开灯

(b) 遥控关灯

图 6.17 遥控 LED 实物连接图

尝试运用无线电通信的方法,使用按钮、声音、手势等方式对包括 LED 在内的各种设备进行遥控。

6.6　土壤湿度传感器

很多家庭或办公室中会养一些绿色植物,但这些植物会因吸收不到雨水而死去。那么,有没有办法能够知道植物是否缺水呢? 如果能,就可以及时浇水。

土壤湿度传感器又名土壤水分传感器或土壤含水量传感器,主要用来测量土壤相对含水量,实现土壤监测、农业灌溉和林业防护。土壤湿度传感器广泛应用于节水农业灌溉、温室大棚、花卉蔬菜、草地牧场、土壤速测、植物培养、科学试验等领域。

首先对土壤传感器进行测试。将土壤湿度传感器接 J1 接口,使用 LED 点阵显示湿度的数值,测试在不同的情况下湿度值的大小是多少。

经过测试,发现在正常的环境下,把土壤湿度传感器放在空气中的读数很小;放在潮湿的布或纸里,水分越大,读数越大。

【例 6.26】　湿度检测报警。

编写程序,代码如下:

```
from microbit import *
import music

temp=0
tune=["B8:1"]
while True:
    temp=pin1.read_analog()
    if temp<=20:
        display.show(Image.SAD)
     music.play(tune)
    elif temp>20 and temp<100:
        display.show(Image.HAPPY)
```

将土壤湿度传感器连接到 J1,下载程序,进行测试。

土壤湿度传感器感知外界的环境,当湿度 20<temp<100 时,LED 点阵显示"笑脸"图案。

当 temp≤20 时,表示土壤的湿度低,水分不足,需要马上补充水分,这时 LED 点阵显示"哭脸"。但仅仅显示哭脸还不够,万一这时候没有人在旁边,是没有办法发现的,所以还需要蜂鸣器发出声音提醒该浇水了(需事先打开扩展板的蜂鸣器开关)。

电路连接及显示效果如图 6.18 所示。

如果检测到土壤的湿度太高了该怎么办呢?

(a) 湿度合适时　　　　　　　　　　　(b) 湿度不足时

图 6.18　土壤湿度传感器实物连接及效果显示图

6.7　光线传感器

在日常生活中，每天晚上都能够看到五彩斑斓的夜景，虽然这些室外光给人们夜间的生活带来了很多方便，但是也造成了光污染，给自然界的植物造成了一定的伤害。

小贴士

夜间灯光对植物的影响，主要有以下 3 方面。

（1）破坏了植物生物钟的节律。植物和其他生物一样，具有明显的生长周期性，具体表现是植物按体内生物钟的节律活动。夜间灯光照射植物，会破坏植物体内生物钟的节律，妨碍其正常生长。特别是夜里长时间、高辐射能量作用于植物，就会使植物的叶或茎变色，甚至枯死。

（2）对植物花芽形成的影响。光对植物的影响，除光合作用外，还有植物的光周性、向光性和分光灵敏性等。不仅对植物外观有影响，而且与花芽的形成、叶子的发育都密切相关。人们把植物接受光照的时间，称为日长条件。如果日长比某一时间长，这样形成花芽的植物称为长日植物，如春天开花的金盏花、樱花和波菜花；日长比某一时间短的植物称为短日植物，如秋天开花的菊花、天丽花、大波斯菊等。蔬菜和花卉与日长条件关系密切，如果长时间、大剂量的夜间灯光照射，就会导致植物花芽的过早形成。

（3）对植物休眠和冬芽形成的影响。树林在夜间受强光照射，使休眠受到干扰，引起落叶形态的失常和冬芽的形成。

植物每天应接受的光照时间是有一定规律的，不宜太长也不宜太短。人们可以控制光照的时间，在时间出现异常的时候，发出报警信息。

【例 6.27】　监控光照时长。

编写程序，代码如下：

```
from microbit import *

display.off()
```

```
时间=0
光线=0

while True:
光线=pin1.read_analog()
    if 光线>=500:
        sleep(1000)
        时间=时间+1
        if 时间>=5:
            pin2.write_digital(1)
            pin3.write_digital(0)
        else:
            pin2.write_digital(0)
            pin3.write_digital(1)
```

小贴士

当光照度大于500lx时,对植物是有效光照,因此设定条件 if 光线>=500。

每隔1s监测一次,符合就把时间加1s。

对光照的总时间进行判定,这里使用5s进行演示。

光照时间达到之前,绿灯亮,超出时间则发出报警信息,红色LED亮。

将光线传感器、红色LED、绿色LED等分别连接到J1、J2和J3,下载程序,开始时绿色LED亮,5s后红色LED亮,如图6.19所示。

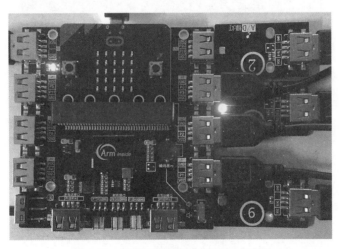

图6.19　监控光照时长案例的板卡连接

复习思考题

(1) 根据实际测试情况调整设定条件中的参数,使它能够在当前的环境下成功实现。

(2) 如何在红色LED亮时,发出声音报警?

6.8 实践：大棚管理系统

在农村会经常看到很多温室大棚，这些大棚让人们在冬天也能品尝到夏天才能吃到的蔬菜和水果。随着科技的发展，人们对大棚内环境的控制能力越来越强，大棚里面生长的植物种类也越来越多。

蔬菜大棚是一种具有出色的保温性能的框架覆膜结构，蔬菜大棚一般使用竹子或者钢材质的骨架，上面覆盖一层或多层塑料膜，这样就形成了一个温室空间。外膜很好地阻止内部蔬菜生长所产生的二氧化碳的流失，具有良好的保温保湿效果。

智能大棚是智能化控制系统应用于温室大棚，进行智能控制的结果。智能大棚应用到大棚种植上，利用最先进的生物模拟技术，模拟出最适合棚内植物生长的环境，采用温度、湿度、CO_2、光照度等传感器感知大棚的各项环境指标，并通过微机进行数据分析，由微型计算机对棚内的水帘、风机、遮阳板等设施实施监控，从而改变大棚内部的生物生长环境。

相对于人工控制，智能控制最大的好处就是能够恒定控制大棚内部的环境，对于环境要求比较高的植物来说，能避免因为人为因素而造成的生产损失。

将智能控制系统应用到大棚生产以后，产量与质量比人工控制的大棚都有极大提高，对于不同的种植品种而言，提高产量与质量相对不同，对于档次较高的经济作物来说，生产效率可以提高30%以上。

本节通过温度传感器接J1(pin1)、风扇接J2(pin2)、湿度传感器接J4(pin4)，实现简易的大棚管理系统，如图 6.20 所示。

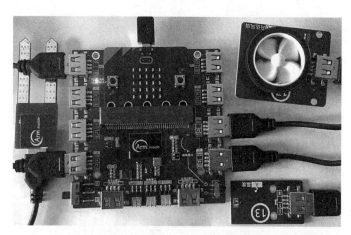

图 6.20 大棚管理系统的板卡连接

【例 6.28】 大棚管理系统。

编写程序，代码如下：

```python
from microbit import *
import music

display.off()
温度=0
湿度=0
```

```
while True:
    温度=pin1.read_analog()
    湿度=pin4.read_analog()
    if 温度>30:
        pin2.write_analog(100)
    if 湿度<=50:
        for item in range(20):
            sleep(1000)
            music.play(music.BADDY)
```

💡小贴士

　　首先对温度进行判断,人类感觉比较适宜的温度约为 23℃,但是植物的温度到底是多少,这个实际的值需要进行科学的实验得出,并且不同的植物适宜温度也不一样,程序中以 30℃为例。

　　当温度高于 30℃时,通过风扇降温。

　　湿度是土壤的湿度,湿度的判断数值要根据实际测试,程序中的 50 只是示例。

　　当湿度的值不足 50 时,发出报警信息,提醒主人来完成加湿。

　　for 循环实现报警的声音重复执行 20 次,达到延时的作用。

📝复习思考题

　　(1) 根据实际的测试情况调整上面程序中的参数,使它能够在当前的环境下成功实现。

　　(2) 温度越高的时候,风扇的转速应该越快,降温的效果才会越好,如何实现温度越高风扇转速越快的功能?

　　(3) 如何实现湿度越低,报警声音的频率越高,声音越尖锐、刺耳的功能?

　　(4) 能使用其他的模块制作出报警信号吗?

　　(5) 如何在大棚管理系统中加入光照控制?

6.9　实践:碰撞传感器与电子门铃

　　将碰撞传感器连接到 J1,将其作为门铃。

　　首先需要了解碰撞传感器在正常状态下和触发状态下的值,碰撞传感器是一个数字量,使用数字读取,程序如下。

　　【例 6.29】　读取碰撞传感器值。

```
from microbit import *


while True:
    temp=pin1.read_digital()
    display.show(temp)
```

　　下载程序进行测试,发现碰撞传感器在松开状态下,LED 屏幕显示为 0,如图 6.21 所示;按下碰撞传感器,LED 点阵屏显示为 1。这表示碰撞传感器工作的时候数据为 1,正常状态下数据为 0。

图 6.21　碰撞传感器松开状态的显示值

当按下碰撞传感器时，播放所需要的音乐，实现电子门铃功能。

【例 6.30】　电子门铃。

编写程序，代码如下：

```
from microbit import *
import music

while True:
    temp=pin1.read_digital()
    if temp==1:
        music.play(music.RINGTONE)
```

复习思考题

碰撞传感器结合其他模块，还可以实现哪些功能？

6.10　伺服电动机

伺服电动机，最早应用于船舶，实现转向功能，可以通过程序连续控制其转角因此又称为舵机。其特点是结构紧凑、易安装调试、控制简单、大扭力、成本较低等。

伺服电动机的主要性能取决于最大力矩和工作速度，它是一种位置伺服的驱动器，适用于那些需要角度不断变化并能够保持的控制系统。

在机器人机电控制系统中，伺服电动机的控制效果是影响系统性能的重要因素。伺服电动机能够在微机电系统和航模中作为基本的输出执行机构，其简单的控制和输出使得单片机系统很容易与之接口，因而被广泛应用于智能小车以及机器人各类关节运动中。

伺服电动机是由转向盘（又称舵盘）、减速齿轮组、位置反馈电位计、直流电动机和控制电路板组成，除了转向盘外，剩下的部分都封装在伺服电动机内部，一般来说使用的时候是不需要关注的。而转向盘则是伺服电动机输出力量的唯一结构，转向盘一般都有几种不同的形状，根据实际使用情况进行选择。

角度是用以量度角的单位,符号为"°"。1周角等分为360份,每份定义为1度(1°)。

采用360这个数字,因为它容易被整除。360除了1和自己,还有22个真因数,包括了7以外2~10的数字,所以很多特殊的角的角度都是整数。

实际应用中,整数的角度已足够准确。如果需要更准确的量度,如天文学或地球的经度和纬度,除了用小数表示度,还可以把度细分为分和秒。1°为60分(60′),1分为60秒(60″),例如40.1875°= 40°11′15″。要更准确便用小数表示秒,而不再加设单位。

伺服电动机的接口并不是以前所使用的USB接口,而是需要连接到专门的伺服电动机接口,本例中将伺服电动机连接到P12端口。伺服电动机的线有3种颜色,咖啡色连接扩展板上的GND口,橘红色连接扩展板上的VCC口,黄色连接扩展板上的P12口。颜色对着颜色,一定不能插反以防烧坏伺服电动机。接线如图6.22所示。

本节通过伺服电动机制作一个简单的方向指示牌。

【例6.31】 方向指示牌。

编写程序,代码如下:

图6.22 伺服电动机与扩展板的连线

```python
from microbit import *

class Servo:
  def __init__(self,pin):
    self.max=self._map(2.4,0,20,0,1024)
    self.min=self._map(0.55,0,20,0,1024)
    self.pin=pin
    self.freq=50
    self.pin.set_analog_period((int)((1/self.freq) * 1000))
    self.angle(0)
    self.lastStat=0

  def angle(self,ang):
    if ang>180:
      ang=180
    elif ang<0:
      ang=0

    self.turn=self._map(ang,0,180,self.min,self.max)
    print(ang)
    self.pin.write_analog((int)(self.turn))
    self.lastStat=ang

  def read(self):
    return self.lastStat

  def _map(self,x,inMin,inMax,outMin,outMax):
```

```
        return (x-inMin) * (outMax-outMin)/(inMax-inMin)+outMin

sv=Servo(pin12)
while True:
    if button_a.is_pressed():
        sv.angle(90)
    if button_b.is_pressed():
        sv.angle(180)
```

小贴士

伺服电动机的控制一般需要一个约 20ms 的时基脉冲,该脉冲的高电平部分一般为 0.5～2.5ms 的角度控制脉冲,总间隔为 2ms。

程序中首先编写一个伺服电动机类(class Servo,代码中的粗体部分),通过模拟输出来控制伺服电动机的转动。

伺服电动机连接到 P12 口,主程序中通过 sv＝Servo(pin12)调用类。

按下按键 A,伺服电动机转到 90°;按下按键 B,伺服电动机转到 180°。

复习思考题

(1) 当晃动 micro:bit 主控板时,如何实现伺服电动机转动 0°～180°一个随机的角度?

(2) 如何让伺服电动机在 0°～180°循环转动?

6.11 实践：限位雨刷器

日常生活中,一般房间的门后面地上都会有一个凸起的门挡,它的作用是防止房门打开的时候撞到后面的墙驻起到了限位的作用。同样,一些危险的地方都会有禁止进入的标志,公路上也会有限高和限速的标志,汽车的雨刮器不会刮到玻璃外面去,等等。它们都起到一定的限制作用,有的是通过提示,有的是通过机构,也有的是通过限位传感器。下面,就来模拟制作一个限位雨刮器。

限位传感器是一种为了保护机器和使用者安全的装置,常见于汽车和起重机上。

下面制作的限位雨刷器就是保证雨刷器能够正常运转,不会超出边界。当雨刷器运动到一定的位置时,将会触碰到限位传感器。限位传感器发出信号被 micro:bit 捕捉到,然后告诉雨刷器不再继续向下运动。

【例 6.32】 限位雨刮器。

将伺服电动机连接到 P12 口,限位传感器接 J1 口,如图 6.23 所示。

编写程序,代码如下:

```
from microbit import *

class Servo:
  def __init__(self,pin):
    self.max=self._map(2.4,0,20,0,1024)
```

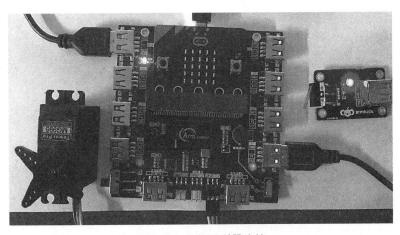

图 6.23 限位雨刮器连接

```
    self.min=self._map(0.55,0,20,0,1024)
    self.pin=pin
    self.freq=50
    self.pin.set_analog_period((int)((1/self.freq) * 1000))
    self.angle(0)
    self.lastStat=0

  def angle(self,ang):
    if ang>180:
      ang=180
    elif ang<0:
      ang=0

    self.turn=self._map(ang,0,180,self.min,self.max)
    print(ang)
    self.pin.write_analog((int)(self.turn))
    self.lastStat=ang

  def read(self):
    return self.lastStat

  def _map(self,x,inMin,inMax,outMin,outMax):
    return (x-inMin) * (outMax-outMin)/(inMax-inMin)+outMin

sv=Servo(pin12)
temp=180

while True:
    if temp>=0 and temp<=180:
        sv.angle(temp)
        sleep(100)
```

```
        temp=temp-1
    if pin1.read_digital()==1:
        temp=180
        sleep(2000)
```

小贴士

开机时设定伺服电动机的初始位置为180°。

以每100ms减去1°的速度，让伺服电动机逐步转动，这样转向盘就可以从180°转动到0°，雨刷器的功能就被模拟出来了。

对限位传感器连接的数字引脚P1进行读值并判断，如果限位传感器被触发（雨刷器到达边缘），它的读值应该是1，这时候让伺服电动机重新回到180°。

伺服电动机直接从0°转到180°，转动的角度较大，所以添加延迟功能。

伺服电动机可以转动的角度为0°～180°，但是在伺服电动机从180°逐步减小的过程中，不能确定会不会有突发情况导致temp的值出现问题，所以在整个程序执行前加条件if temp>=and temp<=180。

复习思考题

如何让雨刷器在20°～150°的范围进行工作，并且根据限位传感器的位置做改变。

6.12　电动机

电动机（electric machinery，俗称马达）是根据电磁感应定律实现电能转换或传递的一种装置，在电路中用字母 M 表示。它的主要作用是产生驱动转矩，作为各种机械的动力源。而发电机在电路中用字母 G 表示，它的主要作用是利用机械能转换为电能，目前最常用的是利用热能、水能等推动发电机转子来发电。

电动机按工作电源的不同，可分为直流电动机和交流电动机；按结构和工作原理的不同可分为直流电动机、异步电动机和同步电动机；按起动与运行方式的不同，可分为电容起动式单相异步电动机、电容运转式单相异步电动机、电容起动运转式单相异步电动机和分相式单相异步电动机；按用途的不同，可分为驱动用电动机和控制用电动机；按转子的结构的不同，可分为笼型感应电动机和绕线转子感应电动机；按运转速度的不同，可分为高速电动机、低速电动机、恒速电动机、调速电动机，其中低速电动机又分为齿轮减速电动机、电磁减速电动机、力矩电动机和爪极同步电动机等。

micro:bit 使用的是直流电动机，它引出两根导线，将其正极连接 VCC，负极连接 GND 口，就可以控制电动机正转；反之，正极连接 GND，负极连接 VCC，电动机就反转。通过控制电动机的两根导线，就可以控制电动机转动的方向。

同时，正负极之间的电压差值越大，电动机的转速就越快。当正负极之间的电压差值不足以让电动机转起来的时候，电动机就停止转动。但这时候的正负极电压差不一定是0，这一点一定要注意。

扩展板上的电动机连接如图 6.24 所示，两个电动机分别使用 P13、P14 以及 P15、P16，引脚值对应的功能如表 6.2 所示。

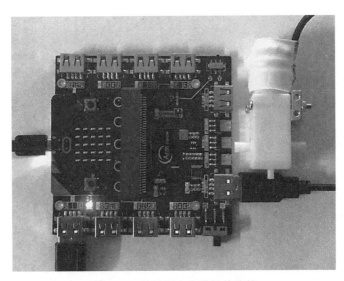

图 6.24 扩展板上电动机的连接

表 6.2 电动机引脚值与对应的功能

功 能	P13、P15	P14、P16
停止(coast)	0	0
正向(forward)	1	0
反向(reverse)	0	1
刹车(brake)	1	1

小贴士

brake(刹车)状态时,电动机会立即停止。

coast 可以理解为释放、空挡,如果转动的电动机进入这个状态,则会失去动力,因为惯性的原因仍会向前转一点。

下面的实例实现电动机的控制。

【例 6.33】 电动机状态自动变化。

编写程序,代码如下:

```
from microbit import *

while True:
#Reverse
    pin13.write_digital(1)
    pin14.write_digital(0)
    sleep(2000)
```

```
#Coast
    pin13.write_digital(0)
    sleep(2000)
#Forward
    pin14.write_digital(1)
    sleep(2000)
#Brake
    pin13.write_digital(1)
    sleep(2000)
```

【例6.34】 按钮控制电动机。

编写程序，代码如下：

```
from microbit import *

while True:
    pin13.write_digital(0)
    pin14.write_digital(0)
    if button_a.is_pressed():
        pin13.write_digital(1)
        pin14.write_digital(0)
    if button_b.is_pressed():
        pin13.write_digital(0)
        pin14.write_digital(1)
```

6.13 实践：遥控小车

使用安芯教育套件组装的小车如图6.25所示，主要用到的是上一节介绍的电动机。

(a) 正面　　　　　　　　　　　(b) 反面

图6.25　小车

日常生活中可以看到各种各样的玩具车,例如积木搭建玩具车、手动回力小车、有遥控电动车等,下面编写一个遥控小车。

想让小车动起来,就需要给小车电动机的两个端口施加不同的电压。

【例6.35】 遥控端。

编写程序,代码如下:

```python
from microbit import *
import radio

radio.on()
radio.config(power=7)+

while True:
    if(button_a.is_pressed()):
        radio.send("F")
    elif(button_b.is_pressed()):
        radio.send("B")
    else:
        radio.send("C")
    sleep(100)
```

【例6.36】 小车端。

编写程序,代码如下:

```python
from microbit import *
import radio

radio.on()
radio.config(power=7)

while True:
    message=radio.receive()
    if (message=="F"):
        pin13.write_digital(1)
        pin14.write_digital(0)
        pin15.write_digital(1)
        pin16.write_digital(0)
    if (message=="B"):
        pin13.write_digital(0)
        pin14.write_digital(1)
        pin15.write_digital(0)
        pin16.write_digital(1)
    if (message=="C"):
        pin13.write_digital(0)
        pin14.write_digital(0)
        pin15.write_digital(0)
        pin16.write_digital(0)
```

小贴士

在遥控端，按下按钮 A，小车往前开。
在遥控端，按下按钮 B，小车往后开。

复习思考题

如何调整小车的速度？

下面，用模拟量来实现电动机以不同速度的旋转。

【例 6.37】 模拟量实现小车控制。

编写程序，代码如下：

```
from microbit import *

while True:
    if button_a.is_pressed():
        pin13.write_analog(400)
        pin14.write_analog(0)
        pin15.write_analog(400)
        pin16.write_analog(0)
    elif button_b.is_pressed():
        pin13.write_digital(0)
        pin14.write_analog(800)
        pin15.write_digital(0)
        pin16.write_analog(800)
    else:
        pin13.write_digital(0)
        pin14.write_digital(0)
        pin15.write_digital(0)
        pin16.write_digital(0)
```

小贴士

模拟量中差值越大，电动机转速越快。
最快的时候转速和数字量差不多。

复习思考题

（1）如何让小车左右转弯？
（2）如何让小车向前行驶 1s，再向后行驶 2s，然后停止？
（3）通过遥控实现小车的转弯和停止。

只要改变左右轮转动的方向就可以实现转弯。

【例 6.38】　左右转弯。

编写程序,代码如下:

```
from microbit import *

while True:
    if button_a.is_pressed():
        pin13.write_analog(0)
        pin14.write_analog(600)
        pin15.write_analog(600)
        pin16.write_analog(0)
    elif button_b.is_pressed():
        pin13.write_analog(600)
        pin14.write_analog(0)
        pin15.write_analog(0)
        pin16.write_analog(600)
    else:
        pin13.write_digital(0)
        pin14.write_digital(0)
        pin15.write_digital(0)
        pin16.write_digital(0)
```

第7章　智能小区的设计与实现

学习目标

本章重点介绍如何使用 micro:bit 和传感器实现智能小区项目开发的方法。

学习要求

（1）了解智能小区的系统框架和硬件组成。

（2）掌握实现智能小区门禁系统、监控系统和娱乐系统的程序编写方法。

智能小区通过传感器对各种信息进行实时采集和处理，为居民提供全方位的信息交互体验，使传统的住宅小区变得更加智能化。

本章使用 15 块低功耗、低成本的 micro：bit 作为系统的核心部件，通过 Micro Python 编写代码实现对温度传感器模块、数码管模块、蜂鸣器模块、加速度传感器模块、伺服电动机模块、人体检测模块、电位计模块、LED 灯条模块、超声波模块、LED 点阵模块、光线传感器模块、声音模块、按钮模块、手柄模块、摄像头模块、水泵模块以及 Neopixel 模块等六十多个传感器和扩展模块的控制。

智能小区由门禁系统、监控系统和娱乐系统组成，如图 7.1 所示。三个系统共包含 11 个模块：智能人行模块、自动变道模块、别墅安保系统模块、免接触垃圾箱模块、智慧火警模块、噪声监控和安保模块、种植模块、娱乐篮球模块、远程总控模块、智能水渠模块以及科幻灯光模块。

7.1　门禁系统设计

智能小区门禁系统包括智能人行模块（人禁）、自动变道模块（车禁）以及别墅安保系统模块（门禁）。

7.1.1　智能人行模块

本模块主要功能如下：小区居民通过测温枪进行测温，若体温正常则喷洒消毒喷雾消毒，消毒后抬杆通过；若超出正常体温则亮红灯警报，不予抬杆。实景如图 7.2 所示。

1. 硬件模块

各个硬件模块的功能如下。

（1）温度检测模块：温度传感器连接 pin1 口，检测温度。

（2）数码管模块：连接 pin4 和 pin9 口，显示温度。

（3）蜂鸣器模块：提示音。

（4）加速度传感器模块：连接 pin10 口，作为测温枪的扳机。

（5）伺服电动机模块：连接 pin8 和 pin12 口，用于抬杆放行以及控制喷洒消毒喷雾。

（6）人体检测模块：pin2 口连接人体红外传感器，检测人是否通过。

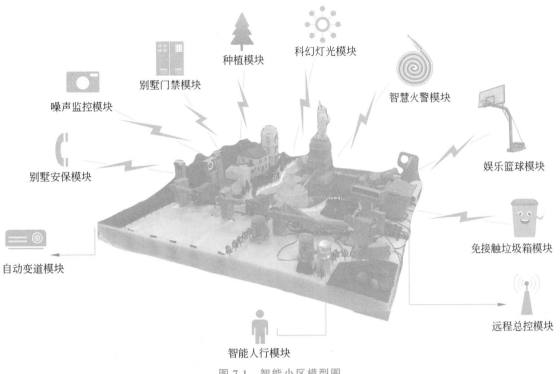

图 7.1 智能小区模型图

图 7.2 智能人行模块实景图

> **小贴士**
>
> ◆ 后续传感器连接端口不再一一描述;
> ◆ 作为思考题,读者根据代码进行分析。

2. 软件流程图

本项目模块的流程图如图 7.3 所示。

主程序循环检查碰撞检测模块的状态,当测温枪的扳机扣下时触发测温环节。

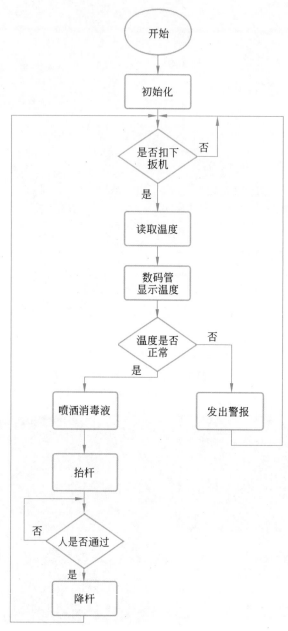

图 7.3　智能人行模块流程图

　　进入测温环节后读取温度检测模块的数值，转换后在数码管模块上显示具体数值，同时判断温度范围。

　　当温度正常时，发出"通过"音效，喷洒消毒喷雾消毒，并抬起栏杆放行，同时人体检测模块探测人是否通过，通过后自动放下栏杆。

　　当温度超标时，发出"警报"音效，红灯闪烁，栏杆不放行。

　　3. 主要代码

　　（1）温度检测模块。温度检测模块连接 pin1 口，读取模拟量后通过算法转换成实际的温度，代码如下：

```
pertemp =129
temp =(pertemp -pin1.read_analog ())/1.3 +18
tm.numbers(int(temp),int(str(temp%1)[2:4]))
```

小贴士

- ◆ 当室温为 18℃ 时读取到的 analog 值为 129，所以变量 pertemp 的初始值赋值 129。
- ◆ 经过不同温度的测量，analog 增长对应室温下降的比值是 1.3 的关系。
- ◆ 根据实际测出的温度 pin1 值计算 temp 的值。
- ◆ int(temp) 的作用是温度取整，显示小数点前面位置，int(str(temp%1)[2:4]) 的作用是让数码管显示小数点后两位。

（2）数码管初始化。数码管初始化的代码如下：

```
_SEG =bytearray(b'\x3F\x06\x5B\x4F\x66\x6D\x7D\x07\x7F\x6F\x77\x7C\x39\x5E\x79\x71\x3D\
    x76\x06\x1E\x76\x38\x55\x54\x3F\x73\x67\x50\x6D\x78\x3E\x1C\x2A\x76\x6E\x5B\x00\x40\
    x63')
```

数码管的内部电路如图 7.4 所示。a～h 每个数字代表一个发光二极管，v 是公共端，可以接地或接电源，对应共阴极和共阳极的接法。a～g 段数码管用来显示数字，h 显示小数点。为了便于封装，数码管的外部一共 10 个引脚，5 和 10 连在一起接公共端，其余各对应一个发光二极管。如果想显示数字"0"，就需要 a～f 这 6 个数码管亮；如果显示数字"1"，那么就需要 b、c 两个数码管点亮，以此类推。

0X3F 就是一次性对端口进行电平赋值，用二进制表示就是 0011(3)1111(F)，对应 a～h 这 8 个引脚的电平就是 11111100（高、高、高、高、高、高、低、低），也就是 a～f 都是高电平，灯管是亮的，g 和 h 是低电平，灯管是灭的，在共阴极连接数码管上显示的就是"0"。

同理，0X06 换算成二进制 0000(0)0110(6)，对应 a～h 这 8 个引脚的电平就是 01100000（低、高、高、低、低、低、低、低），bc 是高电平，灯管是亮的，其他是低电平，灯管是灭的，显示出来的就是"1"。

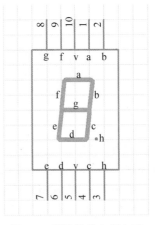

图 7.4 数码管的内部电路

（3）数码管模块。数码管模块使用 TM1637 类，clk 连接 pin9 口、dio 连接 pin4 口。def numbers() 函数可显示小数点，代码如下：

```
tm =TM1637(clk=pin9, dio=pin4)

class TM1637(object):
    def __init__(self, clk, dio, brightness=7):
        self._c =clk
        self._d =dio
        self._b =max(0, min(brightness, 7))
        self._data_cmd()
```

```
        self._dsp_ctrl()

    def numbers(self, num1, num2, colon=True):
        num1 =max(-9, min(num1, 99))
        num2 =max(-9, min(num2, 99))
        segments =self.encode_string('{0:0> 2d}{1:0> 2d}'.format(num1, num2))
        if colon:
            segments[1] |=0x80
        self.write(segments)
```

（4）伺服电动机模块。伺服电动机和喷雾开关固定一起，伺服电动机转动带动喷洒开关打开。抬杆、降杆程序的代码如下：

```
def tai():
    sv.angle(109)
    sleep(1000)


def jiang():
    sv.angle(10)
    sleep(1000)
```

（5）蜂鸣器模块。蜂鸣器模块使用 music 库，"警报"时的音效代码如下：

```
note =['A3','R','A3:8']
music.play(note)
```

7.1.2 自动变道模块

为解决"车流量过大"造成的拥堵问题，设计了"根据实时车流量实现自动变道"的自动变道模块，可以根据实时车流量进行调整，节省出入口堵车的时间。

本模块主要功能包括小区居民驾驶车辆进入智能小区，通过传感器感知车流量从而进行变道动作。居民驾驶车辆进入小区后数码管上显示车辆总数加 1，反之减 1。当进入车辆大于出车量时，说明可能正值早高峰，此时道路由两进两出变为一进三出，反之变为三进一出。这样就可以实时根据车流量缓解交通压力，解决早晚高峰堵塞或其他车辆拥堵问题。实景如图 7.5 所示。

1. 硬件模块

各个硬件模块的功能如下。

（1）超声波模块：pin10 连接 trig 端口，pin6 连接 echo 接收端，检测车流量情况。

（2）数码管模块：显示车流量情况。

（3）伺服电动机模块：用于车辆出入抬杆放行。

（4）灯光模块：作为变道警示灯以及美化效果。

（5）无线电模块：两块 micro:bit 板之间的信息交互。

2. 软件流程图

本模块使用两块 micro:bit 主控板完成，主控板 A 负责进车情况的监控和数码管显示，主控板 B 负

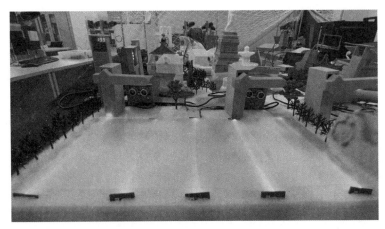

图 7.5　自动变道模块实景图

责出车情况的监控以及控制变道灯的闪烁,通过 A、B 两个主控板之间进行通信,判断变道情况。

本项目模块的流程图如图 7.6 所示。

主控板 A 主程序循环检测主控板 A 上的超声模块状态,通过算法判断车辆是否进入,从而控制杆子的抬降。

主控板 B 主程序循环检测主控板 B 上的超声模块状态,通过算法判断是否有车辆出去,从而通过算法计算小区内车辆总数并显示。

当进车数量大于出车数量时,通过红灯闪烁提醒司机即将变道,并给出驾驶者一些时间调整。经过一段时间闪烁后,车道由两进两出变为三进一出。

当出车数量大于进车数量时,通过红灯闪烁提醒司机即将变道,并给出时间调整。经过一段时间闪烁后,车道由两进两出变为一进三出。

3. 主要代码

(1) 超声波模块。由超声波的发射端发射一束超声波,在发射的同时计时开始。发射出去的超声波在介质中传播,声波具有反射特性,当遇到障碍物时就会反射回来。当超声波的接收端接收到反射回来的超声波时,计时停止。介质为空气时,声速为 $340\mathrm{m/s}$,根据记录的时间 t,利用公式计算出发射位置与障碍物之间的距离。

如图 7.7 所示,超声波模块具有两个圆形装置,一个负责发出超声波,一个负责接收超声波。它的原理是根据收发时间 (t) 和超声波在空气中的传播速度 (v) 得出发射点距障碍物的距离 (s)。空气中超声波传播速度为 $340\mathrm{m/s}$,超声波记录到的收发时间 t 是往返所用时间,所以实际时间要除以二,最终得到传感器距障碍物的距离 $s=340t/2$。

根据超声波模块 HC-SR04 工作原理得知,HC-SR04 通过 IO 口 TRIG 触发测距,发送 $10\mu s$ 的高电平信号。根据该原理尝试给 TRIG 对应的引脚 pin10 写入一个高电平和一个低电平,高低电平之间用 utime 库中的 sleep_us 间隔 $10\mu s$。这样就实现了通过 TRIG 触发测距,触发后模块自动发送 8 个 40kHz 的方波,HC-SR04 模块自动检测是否有信号返回,编写的超声模块库代码如下:

```
global distance
pin10.write_digital(1)
utime.sleep_us(10)
pin10.write_digital(0)
```

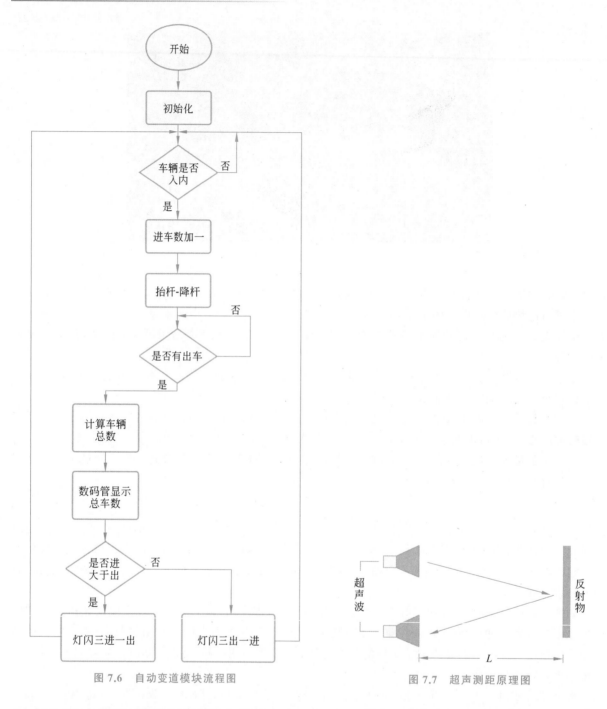

图 7.6　自动变道模块流程图　　　　　　　　图 7.7　超声测距原理图

HC-SR04 如果检测到有信号返回，就通过 IO 口 ECHO 输出一个高电平，高电平持续的时间等于超声波从发射到返回的时间。通过使用计时函数记录 ECHO 输出的高电平持续时间并存入变量 a 中，就可以得到超声波从发射到返回的时间(t)，代码如下：

```
start =time.ticks_us()
while pin6.read_digital():
    pass
a=time.ticks_diff(start,time.ticks_us())
```

根据串口打印出变量 a 的数值发现,得到的变量 a 是负数,同时无论距离如何变化,变量 a 永远小于 -279。由于变量 a 代表的是收发时间(t),所以 a 应该是正数,因此对其取负号变为正数,根据公式计算出距离 distance,再由时间单位 μs 转换为"s"进行计算,最终得出距离,代码如下:

```
if a<-279:
    distance=((-a/1000000 * 340)/2) * 100
```

通过以上分析,总结如下。

一个控制口发送一个 10μs 以上的高电平,就可以在接收口等待高电平输出。一旦有输出就可以开定时器计时,当此口变为低电平时就可以读定时器的值,此时得到的数值就是此次测距的时间,由此可算出距离。通过如此不断的周期性测试,就可以得到移动测量的值。

(2)判断车辆是否进入。判断车辆是否入内的工作原理是通过检测车辆由远及近的距离变化来判断车辆的驶入。当超声波模块得到的数据参数从 $21\sim22$ 变为 $9\sim10$ 时,则两个标志 flag0 和 flag1 都置"1",系统认为车辆驶入,触发抬杆操作,代码如下:

```
if 9<distance<10:
    flag0=1
elif 21<distance<22:
    flag1=1
else :
    pass

    if flag0==1 and flag1==1:
    flowcountin+=1
    flag0=flag1=0
    sv.angle(90)
    sleep(2000)
    sv.angle(0)
    sleep(1000)
```

7.1.3　门禁系统模块

通过主人模式和访客模式构建一个完善的门禁系统,主要功能如下:住户进门时,通过输入密码实现自动开门;访客进门时按下门铃键,通过无线通信实现门内电铃响动,提醒屋主来开门;此外,住户可以对密码进行修改。实景如图 7.8 所示。

1. 硬件模块

多个硬件模块的功能如下。

(1)LED 点阵模块:用于密码输入、密码校验、修改密码时的显示。

(2)伺服电动机模块:用于控制开关门。

(3)手柄模块:用于密码模块的密码输入、密码校验、修改密码。

(4)蜂鸣器模块:访客门铃声。

(5)无线电模块:两块主控板之间的信息交互。

图 7.8 门禁系统模块实景图

2. 软件流程图

门禁系统由门铃模块和密码模块组成，包括密码锁、自动门、门铃和无线电通信部分。本项目模块的流程图如图 7.9 所示。

密码锁基于 micro:bit 自带的手柄按键和 LED 点阵进行设计；自动门使用外接的伺服电动机，通过伺服电动机转动带动门的开启；门铃使用 micro:bit 扩展板上的蜂鸣器实现；无线电通信通过 micro:bit 内置的无线电模块和 Micro Python 的 radio 库实现。

3. 主要代码

密码锁使用按键进行输入，通过 LED 点阵使用数组显示对应图案。

（1）密码图案。首先设定两个数组，前者用于在 LED 点阵显示当前数据，后者储存密码，用于与当前数据比对。代码如下：

```
#实时数据
state=("55555:"
       "50005:"
       "50005:"
       "50005:"
       "55555")
#密码
pw=("55555:"
    "59005:"
    "59995:"
    "50095:"
    "55555")
```

（2）按键函数。

```
def editstr(s,place,i):
    a=list(s)
    a[place]=i
```

```
s="".join(a)
return s
```

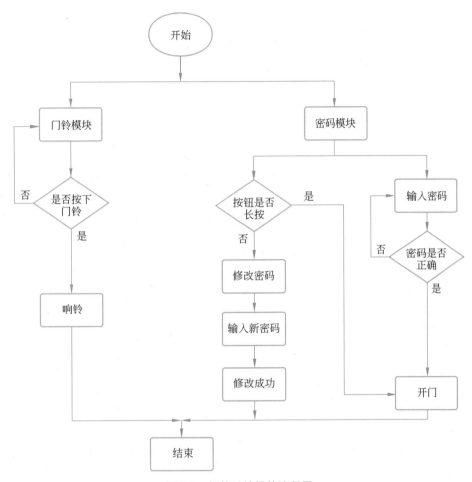

图 7.9 门禁系统模块流程图

editstr(s,place,i)的作用是修改 s 数组的值,把 i 赋给 a 列表的 place 位置。其中,"".join()是字符串操作函数,括号内必须是一个对象,所以 a=list(s)先把它转换为列表,才能使用 s="".join(a)。

(3)密码输入。读取按键的输入,包括上、下、左、右、确认、退格,并显示在 LED 点阵上。代码如下:

```
temp=pin1.read_analog()
if temp<=150 and j> 1:
    if state[6 * j+i]!="9":
        state=editstr(state,6 * j+i,"0")
    j-=1
elif 150<temp<=300 and i<3:
    if state[6 * j+i]!="9":
        state=editstr(state,6 * j+i,"0")
    i+=1
```

```
    elif 450<temp<=550 and i> 1:
        if state[6 * j+i]!="9":
            state=editstr(state,6 * j+i,"0")
        i-=1
    elif 550<temp<=1000 and j<3:
        if state[6 * j+i]!="9":
            state=editstr(state,6 * j+i,"0")
        j+=1
    elif 300<temp<=450:
        state=editstr(state,6 * j+i,"9")
```

其中，state＝editstr(state,6＊j＋i,"0")的作用是读取按键输入，获取一个新的 state 数组。"（）"中的 state 是需要更新的实时数据，6＊j＋i 是需要更改的位置，"0"是给这个位置赋的值。

（4）提交。密码输入完成后，按下按键 A＋B 进行提交。程序通过判断密码数组与输入数组是否相同来确定是否开门，通过控制伺服电动机的转动实现开关门，输入正确则会开门，代码如下：

```
if button_a.is_pressed() and button_b.is_pressed():
    if state==pw:
        display.show(Image.HAPPY)
        #伺服电动机转动开门
        sv.angle(100)
        sleep(1000)
        sv.angle(0)
    else:
        display.show(Image.ANGRY)
        sleep(1000)
```

（5）显示屏复位。输入密码正确伺服电动机转动开门后，密码锁显示重新复位为清屏的状态，代码如下：

```
a=list(state)
for y in range(1,4):
    for x in range(1,4):
        if a[6 * y+x]=='9' or a[6 * y+x]=='5':
            a[6 * y+x]='0'
state="".join(a)
i=2
j=2
```

（6）修改密码。修改密码只需对 pw 数组进行处理即可。当检测到按键短按时进入密码修改程序，读取按键输入，获取一个新的 state 数组；按键再次短按后赋给 pw 数组，代码如下：

```
if pin2.read_digital()==1:
sleep(1000)
#长按开门
```

```
if pin2.read_digital()==1:
    sv.angle(100)
    sleep(1000)
    sv.angle(0)
    sleep(1000)
#短按改密码
else:
    pw=rspw()
    i=2
    j=2
```

其中，rspw()的以下代码实现读取按键输入，获取一个新的 state 数组，实现修改密码的功能：

```
if state[6*j+i]!="9":
    state=editstr(state,6*j+i,"5")
if button_b.is_pressed():
    state=editstr(state,6*j+i,"5")
sleep(150)
temp=pin2.read_digital()
if temp==1:
    sleep(150)
    return state
```

修改之后，按键再次短按，赋给 pw 数组，完成密码的修改。

7.2　智能小区监控系统设计

智能小区监控系统包含 6 个模块：安保系统模块、噪声监控模块、免接触垃圾箱模块、智慧火警模块、种植模块和智能水渠模块。

7.2.1　安保系统模块

安保系统模块旨在为小区居民带来安全的居住体验，主要功能如下：当小区居民遇险或需紧急求助时，可按下家中的紧急报警按钮，远程呼叫小区保安及时赶到，进行紧急救援。

安保系统模块由"安保系统模块端"和"主控端"双板组成。通过 import radio 引入板间通信库，通过 radio.on()函数打开通信模块，通过 radio.send()以及 radio.receive()函数实现通信收发操作。当"安保系统模块端"检测到 pin10 端口对应的按钮按下时，则向"主控端"发送字符串"888"；当"主控端"接收到此字符串时，则发出对应警报，同时显示求助者的所在位置，主要代码如下：

```
if pin10.read_digital()==1:
    sleep(1000)
    if pin10.read_digital()==1:
        radio.send("888")
        sleep(200)
```

```
    else:
        pass
else:
    pass
```

7.2.2 噪声监控模块

噪声监控模块通过检测噪声数值提醒居民减小噪声，主要功能如下：噪声监控模块对小区内噪声进行实时监控，并以数据可视化以及灯光可视化的形式展现。当小区内的噪声在正常值以下时，对外展现绿色彩灯；当小区内的噪声在高危值以上则显示红色预警；当小区内的噪声在两者之间，则显示黄色预警。整个过程中，实时噪声的数值都以数字形式用数码管显示，如图 7.10 所示。

图 7.10　噪声监控模块实景图

1. 硬件模块

各个硬件模块的功能如下。

（1）数码管模块：显示噪声的数值（单位：分贝）。

（2）neopixel 模块：用于噪声灯光可视化。

（3）声音模块：用于实时检测噪声。

2. 主要代码

主程序循环判断接收到的噪声数值是否正常。若正常，对外展现绿色彩灯；若超标，对外展现黄色预警或红色预警。当数值为 20～500 时，显示绿色彩灯，数值在 500～800 时，显示黄色预警，大于 800时显示红色预警，代码如下：

```
if a> 20 and a<500:
    for pixel_id in range(0, 12):
        green =(0, int(a/30), 0)
        np[pixel_id] =(green)
        np.show()
        sleep(10)
```

```
      sleep(10)
elif a> 500 and a<800:
      for pixel_id in range(0, 12):
          yellow =(int(a/50), int(a/30), 0)
          np[pixel_id] =(yellow)
          np.show()
          sleep(10)
      sleep(10)
elif a> 800:
      for pixel_id in range(0, 12):
          red =(int(a/30), 0, 0)
          np[pixel_id] =(red)
          np.show()
      sleep(10)
sleep(10)
      else:
pass
```

7.2.3 免接触垃圾箱模块

免接触垃圾箱模块实景如图 7.11 所示,主要功能如下。

图 7.11 免接触垃圾箱模块实景图

当小区居民靠近智能垃圾箱时,垃圾箱盖自动抬起,等居民走后自动关闭。

当智能垃圾箱盖关闭时,垃圾箱内紫外线杀菌灯开启;当垃圾箱盖打开时,白色照明灯打开,紫外线灯关闭。

当智能垃圾箱内垃圾已满时,数码管提示"FULL",此时垃圾箱盖不会开启。同时,向总控中心发送无线电信号提示垃圾已满,提示物业尽快清运。

1. 硬件模块

各个硬件模块的功能如下。

(1)加速度传感器模块:用于检测垃圾是否装满。

（2）伺服电动机模块：用于控制开关垃圾箱盖。

（3）数码管模块：用于显示智能垃圾箱状态。

（4）灯光模块：用于消毒和照明。

（5）红外检测模块：用于检测是否有人。

（6）无线电模块：两块板之间的信息交互。

2. 软件流程图

本项目模块的流程图如图 7.12 所示。

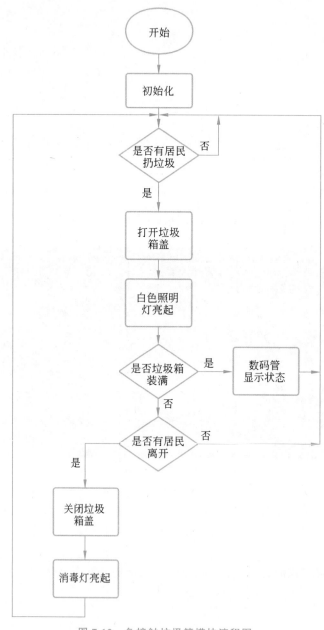

图 7.12　免接触垃圾箱模块流程图

主程序循环检测人体红外模块状态，当检测到居民来扔垃圾时触发下面环节。

主程序循环检测到人体红外模块状态为"1"时,打开垃圾箱盖,并且提供照明。

接着主程序循环检测碰撞检测模块状态,若为"1",说明垃圾箱内垃圾已经装满,则显示"FULL",并发送无线电信号提示垃圾已满。

当居民离开时,主程序循环检测到人体红外模块状态为"0",自动关闭垃圾箱盖,并且切换为紫外线杀菌模式。

3. 主要代码

(1) 垃圾箱开关模块。人体红外模块外接 pin1 接口,碰撞检测模块外界 pin2 接口。当人体红外模块检测到有居民来扔垃圾且碰撞检测模块状态为"0"时,开启箱盖,代码如下:

```
if pin1.read_digital():
    a=pin2.read_digital()
    if a==0:
        sv.angle(90)
```

(2) 数码管显示模块。当人体红外模块检测到有居民来扔垃圾且碰撞检测模块状态为"1"时,数码管提示垃圾已满,并且关闭箱盖,代码如下:

```
if a==0:
    sv.angle(90)
    tm.show('-on-')                    #数码管显示垃圾桶盖子状态为打开
    pin0.write_digital(1)              #白灯照明
    pin10.write_digital(0)            #蓝灯消毒(紫外线)
else:
    tm.show('f  ')
    sleep(300)
    tm.show(' u  ')
    sleep(300)
    tm.show('  l ')
    sleep(300)
    tm.show('    l')
    sleep(300)
    tm.show('    ')
    sleep(200)
    tm.show('full')
    sleep(800)
    tm.show('    ')
    sleep(200)
    tm.show('full')
    sleep(800)
    sv.angle(0)
    pin0.write_digital(0)
    pin10.write_digital(1)
else:
    sv.angle(0)
    tm.show('-off')                    #数码管显示垃圾桶盖子状态为关闭
```

垃圾桶盖子关闭的时候蓝灯常亮,垃圾桶消毒;垃圾桶盖子打开的时候白灯亮起照明,蓝灯灭(防止紫外线对人眼和皮肤有伤害);投掷垃圾完毕后盖子关上 蓝灯再次亮起杀菌。

7.2.4 智慧火警模块

智慧火警模块主要内容如下：在智能小区内设置 3 个着火监测点,当其中任意一个监测点出现火情时,在智能小区人工湖内的雕塑会转动到相应点位进行喷水灭火,实现智慧灭火功能。

当着火监测点的坐标不足以满足灭火需要时,远在总控室的总控负责人员可以通过观察实时高清摄像头传来的火场高清图像进行精准灭火。总控负责人可以转动电位计控制灭火角度,同时可以转动电位计控制高清摄像头角度,实现精准灭火功能,实景如图 7.13 所示。

图 7.13　智慧火警模块实景图

1. 硬件模块

各个硬件模块的功能如下。

(1) 温度传感器模块：用于监测着火点温度。

(2) 伺服电动机模块：用于控制灭火装置转动。

(3) 电位计模块：用于控制伺服电动机角度。

(4) 无线电模块：两块板之间的信息交互。

2. 软件流程图

本项目模块的流程图如图 7.14 所示。初始化后主程序循环检测电位计状态,即检测到人工干预灭火角度时,灭火装置转动角度“第一优先级”为人工灭火的角度。

主程序继续循环检测 3 个温度传感器模块的状态,若为“1”,则灭火装置转到温度传感器所在方位,实现智慧灭火。

3. 主要代码

(1) 精准灭火模块。当着火监测点的坐标不足以满足灭火需要时,总控负责人可以转动电位计实现自由角度灭火。由于电位计读到的模拟量很不稳定,所以直接赋值给伺服电动机会出现抖动很厉害的情况,因此设计出一个消抖算法,取 10 次电位计数值分别存入 10 个变量中,每次的时间间隔为100ms,最后取平均值。这样的方式可以最大情况得到真实准确的电位计模拟量,实现消除抖动的效

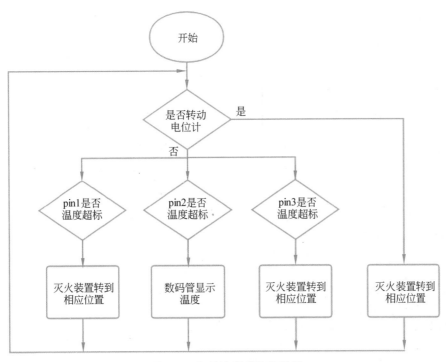

图 7.14　智慧火警模块流程图

果,代码如下:

```
a=pin4.read_analog()
b=pin4.read_analog()
sleep(100)
c=pin4.read_analog()
sleep(100)
d=pin4.read_analog()
sleep(100)
l=pin4.read_analog()
sleep(100)
e=pin4.read_analog()
sleep(100)
f=pin4.read_analog()
sleep(100)
g=pin4.read_analog()
sleep(100)
h=pin4.read_analog()
sleep(100)
i=pin4.read_analog()
sleep(100)
j=pin4.read_analog()
k=(b+c+d+e+f+g+h+i+j+l)/10          #消抖
```

再由一个 if 条件语句筛选"−3 至 3"的范围,通过算法实现电位计转动角度与伺服电动机角度一致，代码如下：

```
if pin4.read_analog()<a-3 or pin4.read_analog()> a+3:        #算法一个抖动范围
    print("180-int(int(k)/9.7)")
    sv.angle(106-int(int(k)/9.7))
    radio.send('0')
    sleep(100)
```

（2）智慧灭火模块。当 pin1、pin2、pin3 这 3 个监测点位其中任意一个点出现火情时，在智能小区河道内的雕塑会转动到相应点位进行喷水灭火，实现智慧灭火功能，代码如下：

```
if pin1.read_analog() <100 :
    radio.send('1')
    sleep(50)
    sv.angle(105)
    sleep(100)
elif pin2.read_analog() <100 :
    radio.send('2')
    sv.angle(70)
    sleep(100)
elif pin3.read_analog() <100 :
    radio.send('3')
    sv.angle(30)
    sleep(100)
```

7.2.5 种植模块

种植模块主要功能如下：智慧化种植区内的传感器自动检测植物土壤湿度情况，若低于正常值则进行灌溉操作。同时智慧灯光区域自动感应亮度，若低于正常值则进行自动补光，使植物茁壮成长。

1. 硬件模块

各个硬件模块的功能如下。

（1）土壤湿度感器：用于检测土壤湿度。

（2）光线传感器模块：用于检测光线强度。

2. 软件流程图

本项目模块的流程图如图 7.15 所示。主程序循环检测 3 个温度传感器模块的状态，若为"1"，则灌溉装置转到干旱土壤所在坐标区域，实现智慧灌溉。

主程序循环检测光线感器模块的状态，若低于平均值则进行自动补光。

3. 主要代码

主程序循环检测 3 个湿度传感器模块的状态，若某传感器的值大于 3，则灌溉装置转到该干旱土壤所在方位，并在相应区域内循环灌溉，直到土壤湿度传感器返回数值为正常值时停止灌溉，代码如下：

```
if Humidity1> 3: #无水是 0
    radio.send('1')
    sv.angle(0)
```

```
        sleep(1000)
        sv.angle(60)
        sleep(1000)
        pin15.write_analog(800)
        pin16.write_analog(0)
elif Humidity2> 3:
        radio.send('2')
        sv.angle(60)
        sleep(1000)
        sv.angle(120)
        sleep(1000)
        pin15.write_analog(800)
        pin16.write_analog(0)
elif Humidity3> 3:
        radio.send('3')
        sv.angle(120)
        sleep(1000)
        sv.angle(180)
        sleep(1000)
        pin15.write_analog(800)
        pin16.write_analog(0)
```

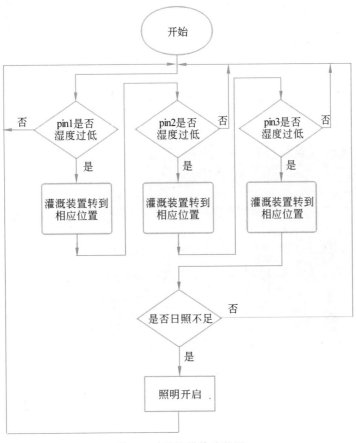

图 7.15　种植模块流程图

7.2.6 智能水渠模块

智能水渠模块主要内容如下：当传感器监控到小区河道以及水渠中的水位超标时，智能水渠装置自动进行排水，以免水位上涨出现涝灾，实景如图 7.16 所示。

1. 硬件模块

各个硬件模块的功能如下。

（1）加速度传感器模块：用于检测水位情况。

（2）伺服电动机模块：用于实现自动排水。

（3）无线电模块：用于两块板之间的信息交互。

（4）LED 点阵模块：显示排水动画。

2. 软件流程图

本项目模块的流程图如图 7.17 所示。初始化后主程序循环检测碰撞检测模块的状态，若为"1"则自动排水，并通过无线电模块提醒物业人员当前智能水渠模块的工作状态，同时 LED 点阵显示动态水滴效果，实现智慧水渠。

图 7.16 智能水渠模块实景图

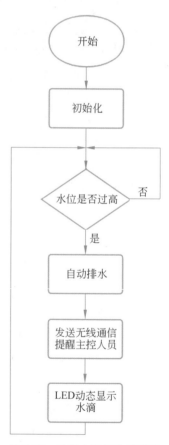

图 7.17 智能水渠模块流程图

3. 主要代码

主程序循环检测碰撞检测模块的状态，若为"1"则自动排水，其中 water1～water6 是提前设置好的

水滴流动图案,通过顺序执行实现动态流水效果,代码如下:

```
if pin2.read_digital()==1:
    sv.angle(0)
    pin1.write_digital(1)
    radio.send('99')
    display.show(water1)
    sleep(250)
    display.show(water2)
    sleep(250)
    display.show(water3)
    sleep(250)
    pin1.write_digital(0)
    display.show(water4)
    sleep(250)
    display.show(water5)
    sleep(250)
    display.show(water6)
    sleep(300)
```

7.3　智能小区娱乐系统设计

娱乐系统所包含科幻灯光模块和娱乐篮球模块两个模块。

7.3.1　科幻灯光模块

科幻灯光模块主要内容如下:当智能小区光线环境欠佳,例如阴雨天或夜晚时,科幻灯光模块启用。各种灯光效果不仅提供了照明,还让整个智能小区充斥满满的科技感和梦幻感,实景如图 7.18 所示。

图 7.18　科幻灯光模块实景图

1. 硬件模块

各个硬件模块的功能如下。

（1）LED灯条模块：用于实现科幻灯光效果。

（2）冷光线灯条模块：用于实现科幻灯光效果。

科幻灯光模块的实现难点在于如何用micro:bit扩展板的USB接口控制普通LED灯条和冷光线灯条。

USB接口从左到右共有4个引脚，如图7.19所示。

引脚的功能如下。

引脚1(pin1)：电源(VCC)，用于对接入USB的设备进行供电。

引脚2(pin2)：数据引脚，用于对接入USB的设备进行数据传输。

引脚3(pin3)：数据引脚，用于对接入USB的设备进行数据传输，但两个引脚传输信息的高电位不同。

引脚4(pin4)：接地线(GND)。

了解了USB的引脚功能之后，拆解开USB数据头，观察到只有VCC和GND连接，分别是图中的红线（下）和黑线（上），如图7.20所示。

制造电位差，就能点亮LED。在查看micro:bit扩展板的各个接口后发现，可以同时控制引脚读写的两组接口分别是pin13、pin14和pin15、pin16。这两组引脚均为小车的伺服电动机引脚。因此将购买的LED灯条的USB端口中的pin1和pin4改焊为pin2和pin3，再将改造后的USB插入扩展板上的pin13、pin14接口，通过操控pin13、pin14的引脚分别写入"1"和"0"，制造电位差，从而实现LED灯条的亮灭，如图7.21所示。

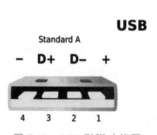

图7.19　USB引脚功能图

图7.20　原装USB引脚分布图

图7.21　改装USB引脚分布图

将改造后的USB插入扩展板上的pin13、pin14接口，通过对pin13、pin14引脚分别写入"1"和"0"，最终实现控制LED灯条。

2. 主要代码

pin15.write_analog(0)使pin15引脚一直置"0"，制造低电位，pin16.write_analog(pixel_id)使pin16引脚一直置于高电位，制造pin15和pin16两口之间的电位差，从而使LED发光。

当pin15和pin16之间的电位差越大，LED越亮。反之，pin15和pin16之间的电位差越小，LED越暗。当pin15和pin16之间的电位差为0时，LED不发光。当pin15和pin16之间的电位差为最大1023时，LED灯条发光最亮。

日落灯是伺服电动机控制灯显示一个日落效果，投影是投影出小鱼的效果，实际上也是两个伺服电动机合成一个机械臂，让小鱼走S形路线。代码如下：

```
np=neopixel.NeoPixel(pin1, 12)          #riluo(日落灯)
np1=neopixel.NeoPixel(pin2, 12)         #touying(投影灯)
while True:
    a=pin3.read_analog()                #光线传感器

    if a<500:
        riluo=(255, 70, 0)
        np[6]=(riluo)
        np.show()
        sleep(10)
        touying=(255, 255, 255)
        np1[6]=(touying)
        np1.show()
        sleep(10)
```

代码中的两个 for 循环部分使 pin15 和 pin16 之间的电位差从 0 增加到 1023,再由 1022 降为 0,LED 外部表现为由最暗到最亮再由最亮到最暗缓慢变化,实现呼吸灯效果,代码如下。

```
for pixel_id in range(0, 1023):
    pin15.write_analog(0)
    pin16.write_analog(pixel_id)
    sleep(1)
for pixel_id in range(1022, 0, -1):
    pin15.write_analog(0)
    pin16.write_analog(pixel_id)
    sleep(1)
```

7.3.2 娱乐篮球模块

娱乐篮球模块主要内容如下:智能小区居民进入篮球场可以进行投球运动,当投进篮筐后进行计分,通过按钮可以清零积分,实景如图 7.22 所示。

1. 硬件模块

各个硬件模块的功能如下。

(1) 加速度传感器:用于检测球是否投中。

(2) LED 点阵模块:用于计分的显示。

(3) 蜂鸣器模块:计分提示音。

2. 软件流程图

本项目模块的流程图如图 7.23 所示。

主程序循环检测加速度计状态,即检测到有球投入时,计分加一,LED 点阵显示当前计分。

若想要重新开始计分,按下 A 按钮计分清"0"。

3. 主要代码

当加速度计感应到 x 轴方向加速度后间隔 200ms 再次检测 x 轴方向加速度数值,这样可以避免加速度计太灵敏的问题。再由一个 if 条件语句筛选加速度差值在一定范围内,则计分,代码如下:

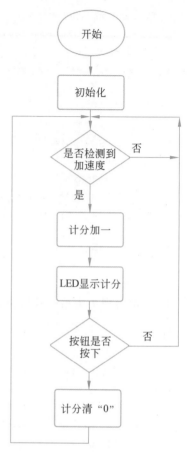

图 7.22　娱乐篮球模块实景图

图 7.23　娱乐篮球模块流程图

```
while True:
    display.show(get)
    a=accelerometer.get_x()
    print(a)
    sleep(200)
    b=accelerometer.get_x()
    print(b)
    if button_a.is_pressed():
        get=0
    if -20<a-b<20:
        pass
    else:
        get+=1
        music.play(music.POWER_UP)
        display.show(dot3)
        sleep(200)
        display.show(dot1)
        sleep(200)
```

```
display.show(dot2)
sleep(200)
display.show(dot4)
sleep(200)
display.show(dot5)
sleep(200)
display.show(get)
sleep(2000)
```

复习思考题

设想自己心目中的智能小区还需要什么功能,尝试实现。

第8章 图形化编程与 Python

学习目标

本章重点学习在图形界面下进行程序编写的方法以及与 Python 代码的相互转换。

学习要求

(1) 了解图形界面与 Python 代码的转换。

(2) 掌握图形界面下进行程序编写的方法。

2020 年 3 月,微软公司对图形化编程工具 MakeCode 进行了更新,启用了 Python 功能。这意味着在使用 MakeCode 时,可以自动转换为对应的 Python 代码。

首先用浏览器打开 MakeCode 的 beta 版网站(https://makecode.microbit.org/beta#editor),单击 JavaScript 右边的下拉箭头,就可以切换到 Python 编程模式,如图 8.1 所示。

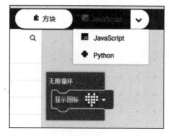

图 8.1 选择 Python 编程模式

在图形化编程环境模式下,可以自动转换为对应的 Python 代码,如图 8.2 所示。

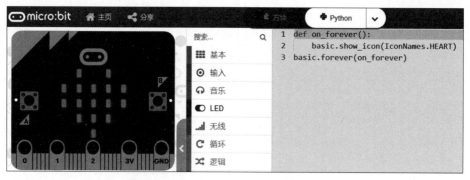

图 8.2 自动转换为 Python 代码

如果在 Python 状态下没有修改代码,程序可以切换回图形编程模式。如果修改了 Python 代码,那么一些功能可能会显示为如图 8.3 所示的对话框,表示这些功能无法转换为图形化的块。

图 8.3 无法转换为图形化的块

8.1 图形化编程简介

图形化编程的编辑界面分为模拟区、块选择区和块编程操作区,如图8.4所示。

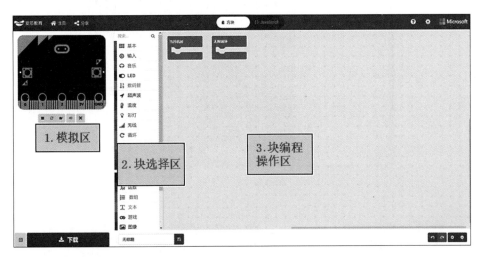

图 8.4 图形化编程的编辑界面

模拟区根据程序模拟显示对应的运行效果,在块选择区中选中程序所需要的块,块编程操作区将块组成程序实现所需要的功能,默认是"当开机时"块和"无线循环"块。

【例 8.1】 指示按钮。

编写程序,用按钮做一个方向指示,实现左边的按钮按下指向左边,右边的按钮按下指向右边,不按的时候没有指示。

(1)在块选择区选中"输入"|"当按钮A被按下时",将其拖到块编程操作区,如图8.5所示。

图 8.5 将块拖到块编程操作区

(2)将不需要的"当开机时"和"无线循环"块从块编程操作区拖到块选择区,将它们从块编程操作区删除。

(3)实现"按钮A被按下后,显示向左的箭头"的功能。在块选择区选中"基本"|"显示LED",将其拖到块编程操作区的"当按钮A被按下时"块中,单击其中的LED,绘制左向箭头,如图8.6所示。

(4)右击块编程操作区中的"当按钮A被按下时"块,选中"重复"选项,如图8.7所示。

(5)在复制的块中,单击下拉按钮A,选中"B"选项,如图8.8所示。

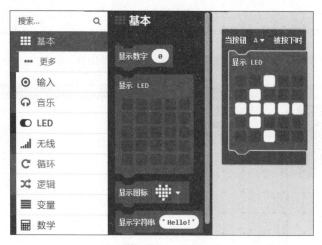

图 8.6　左向箭头

图 8.7　复制块

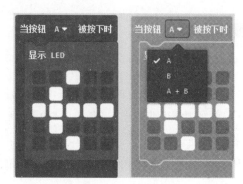

图 8.8　选择按钮 B

（6）在"当按钮 B 被按下时"块的"显示 LED"块中绘制右向箭头。

（7）在模拟区中，单击按钮 A 和 B，分别显示左向和右向箭头，如图 8.9 所示。

图 8.9　在模拟区显示效果

（8）在如图 8.10 所示的文本框中输入"ex8.1"，单击"保存"或"下载"按钮，将文件 ex8.1.hex 保存到硬盘中。

图 8.10　保存文件到硬盘

（9）将 micro:bit 连接到计算机,将硬盘中的该文件发送到 MICROBIT 盘。按下按钮 A,在 LED 点阵上显示左向箭头;按下按钮 B,显示右向箭头。

（10）将浏览器切换到 Python,显示转换的代码如图 8.11 所示。

```
 1  def button_pressed_b():
 2      basic.show_leds("""
 3          . . # . .
 4          . . . # .
 5          # # # # #
 6          . . . # .
 7          . . # . .
 8          """,)
 9  input.on_button_pressed(Button.B, button_pressed_b)
10  def button_pressed_a():
11      basic.show_leds("""
12          . . # . .
13          . # . . .
14          # # # # #
15          . # . . .
16          . . # . .
17          """,)
18  input.on_button_pressed(Button.A, button_pressed_a)
```

图 8.11　转换的 Python 代码

小贴士

　　这个 Python 并不是计算机上标准的 Python,也不是 MicroPython,而是微软公司自己的静态 Python。

复习思考题

　　将第 2～5 章中的例子用图形化编程方法实现,并转换为 Python 代码,对比其代码与 MicroPython 的区别。

8.2　实践:单人游戏

　　使用 micro:bit 主控板上 5×5 的 LED 点阵作为显示屏,单人游戏操控的点(player)在最下面,通过按钮 A 和 B 控制左右移动。同时,上方的点(plane)会随机掉下,如果 player 和 plane 发生碰撞,则游戏结束。

8.2.1　player 角色的实现

　　角色 player 的程序编写步骤如下。

（1）在块选择区中选中"变量"|"设置变量"，在出现的"新变量名称"对话框中输入变量名 player。

（2）在块选择区中选中新出现的"变量"|"将 player 设为 0"，将其拖到"当开机时"块中，如图 8.12 所示。

图 8.12　"当开机时"块

（3）在块选择区中选中"高级"|"游戏"|"创建精灵 x:2 y:2"块，将其拖入"将 player 设为 0"|"0"块中，如图 8.13 所示。

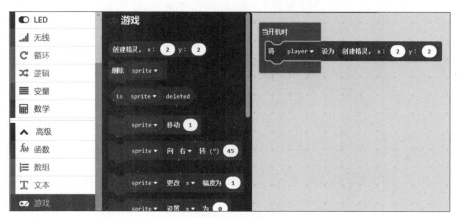

图 8.13　"游戏"块

这个块的作用就是创建游戏的角色（精灵），每一个角色占一个 LED 的位置，默认创建的角色位置在中心（2,2）。

（4）把操控角色 player 的默认位置设为最下面一行中间，坐标是（2,4），如图 8.14 所示。

（5）在块选择区选中"输入"|"当按钮 A 被按下时"块，将其拖到块编程操作区。

（6）在块选择区选中"高级"|"游戏"|"sprit 更改 x 幅度为 1"块，将其拖到"当按钮 A 被按下时"块中，如图 8.15 所示。

（7）单击 sprite 下拉按钮，将其修改为 player，将幅度修改为－1，如图 8.16 所示。

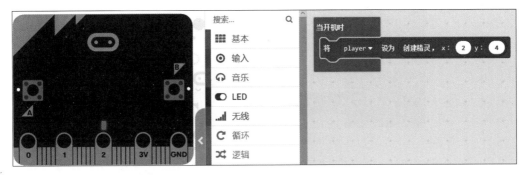

图 8.14 设置起始坐标

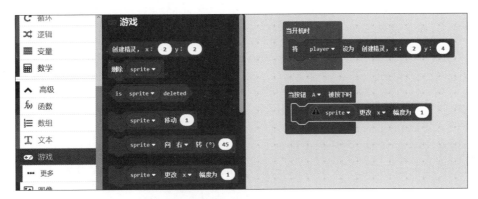

图 8.15 "按钮"块

图 8.16 左移

小贴士

按钮 A 在左边,所以这里更改的幅度为"—1",按下按钮 A 让角色向左移动,这样就实现了通过控制按钮来控制角色移动的目的。

(8) 同样方法,实现按下按钮 B 后,角色向右移动的功能。至此,块编程操作区中的块如图 8.17 所示,其对应的 Python 代码如下:

```python
def button_pressed_b():
    player.change(LedSpriteProperty.X,1)
input.on_button_pressed(Button.B, button_pressed_b)
def button_pressed_a():
    player.change(LedSpriteProperty.X,-1)
input.on_button_pressed(Button.A, button_pressed_a)
player: game.LedSprite=None
player=game.create_sprite(2,4)
```

图 8.17 player 功能的实现

 小贴士

在模拟区中，按下按钮 A 和 B，实现左右移动 player 的功能。

8.2.2 plane 角色的实现

角色 plane 的程序编写步骤如下。

（1）设置一个变量 plane，将"将 plane 设为 0"放置在"无限循环"中。

（2）在块选择区中选中"游戏"|"创建精灵 x:2 y:2"块，然后将其拖到"将 plane 设为 0"的"0"块中。

（3）在块选择区中选中"数学"|"选取随机数，范围为 0 至 10"块，然后将其拖到"x"中，如图 8.18 所示。

图 8.18 "无限循环"块

（4）将随机数范围改为 0～4，这样 plane 在 x 轴出现的位置是 0～4 的一个随机数，如此就没有办法知道刚开始 plane 出现的位置了；将 y 轴设定为 0，这样 plane 就会在最上面一行随机出现。

（5）在块选择区中选中"基本"|"暂停 ms(100)"，然后将其放置在下面，将值改为 1000，实现延迟 1s 的功能，如图 8.19 所示。

图 8.19 plane 的随机出现

（6）在块选择区中选中"循环"|"重复 4 次 执行"，然后将其拖到"暂停"块的下面。

（7）在块选择区中选中"游戏"|"sprite 更改 x 幅度为 1"，然后将其放置在其中，如图 8.20 所示。

（8）将 sprite 改为 plane，x 改为 y，在其后暂停 1s，如图 8.21 所示。

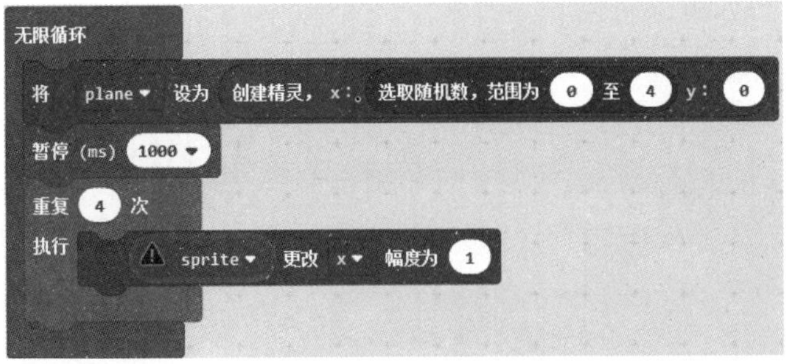

图 8.20　重复执行

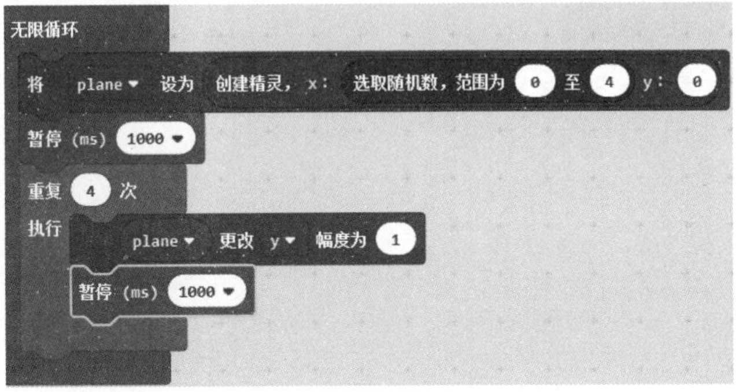

图 8.21　plane 下降

小贴士

plane 每过 1s 向下移动一格,循环 4 次到达最下面。

过几分钟后,可以看到"模拟区"最下面一排都亮起来了,如图 8.22 所示。

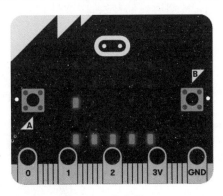

图 8.22　游戏的 bug

小贴士

出现这种情况是因为 plane 都到达了最下面,当然,这在游戏中是不应该出现的。

(9) 在块选择区选中"游戏"|"删除 sprite",将其放置在最后,并将 sprite 修改为 plane,如图 8.23 所

示。在执行完 4 次循环之后，删除角色 plane。

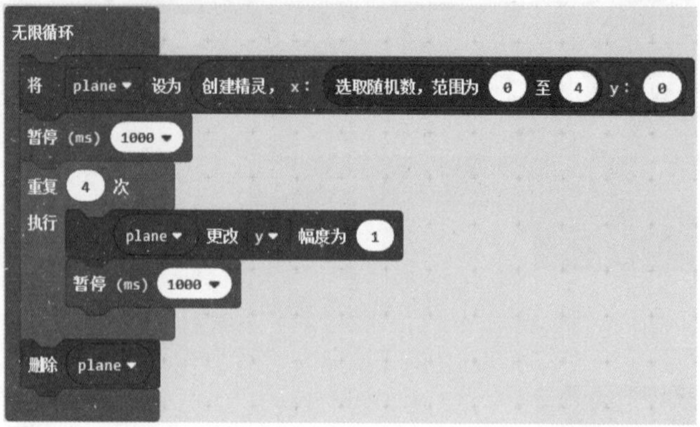

图 8.23　plane 的功能实现

对应的 Python 代码如下：

```python
def on_forever():
    plane=game.create_sprite(randint(0, 4), 0)
    basic.pause(1000)
    for index in range(4):
        plane.change(LedSpriteProperty.Y, 1)
        basic.pause(1000)
    plane.delete()
basic.forever(on_forever)
```

8.2.3　游戏结束的判断

现在，游戏已经能够正常运行了，按照游戏的逻辑，应该是 player 和 plane 发生碰撞，则游戏结束。程序编写步骤如下。

（1）在块选择区选中"基本"|"无限循环"，然后将其拖入。

（2）在块选择区选中"逻辑"|"如果为 true 则"，然后将其拖入"无限循环"中。

（3）在块选择区选中"游戏"|"sprite 碰到"，然后将其拖入 true 块中，如图 8.24 所示。

（4）将 sprite 改为 player。

（5）在块选择区选中"变量"|plane，然后将其拖到"碰到"块的右面，在块选择区选中"游戏"|"游戏结束"，然后将其拖到最后，如图 8.25 所示。

图 8.24　新建"无限循环"

图 8.25　"游戏结束"块

（6）在这个无限循环中，判断角色 player 和角色 plane 是否碰到，如果碰到，结束游戏，模拟区显示如图 8.26 所示画面（画面中的 A＋B 表示：同时按下按钮 A 和 B 重新开始），随后滚动显示 GAME OVER SCORE 0。

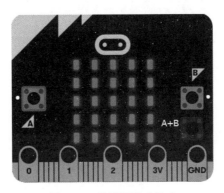

图 8.26　模拟区游戏结束

对应的 Python 代码如下：

```
def on_forever2():
    if player.isTouching(plane):
        game.game_over()
basic.forever(on_forever2)
```

📋复习思考题

（1）将程序下载到 micro:bit 并进行测试，有哪些可能的结果？

（2）如何加快飞机的速度，增加游戏的难度？

8.2.4　游戏优化

下面对游戏进行两方面的优化。首先是计分，然后是根据程序运行的时间改变速度，操作步骤如下。

（1）在块选择区选中"变量|设置变量"并设置变量 score；在块选择区选中"变量"|"将 score 设为 0"，然后将其拖到"当开机时"块的最下面，如图 8.27 所示。转换为 Python，对应的代码为 score＝0。

图 8.27　设置 score

（2）在块选择区选中"变量"|"将 score 设为 0"，然后将其拖到"无线循环"|"删除 plane"块的后面。在块选择区中选中"数学"|"0＋0"，然后将其拖到"将 score 设为 0"|"0"块中，在块选择区选中"变量"|score，然后替换前面一个"0"，将后面的"0"用"1"替换，如图 8.28 所示。转换为 Python，对应的代码为

score＝score＋1。

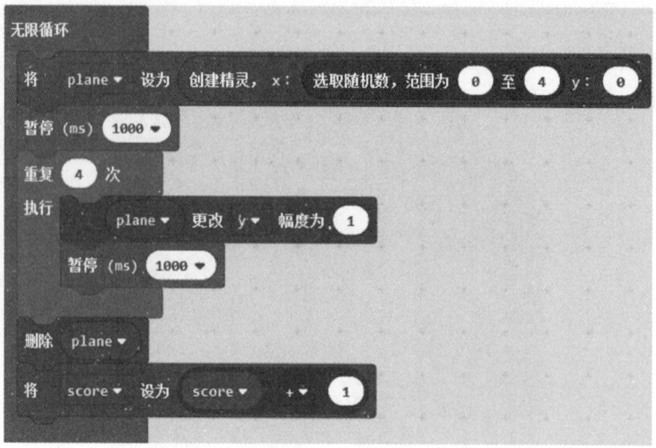

图 8.28　计分

（3）在判断是否碰撞的"无限循环"块中，将"基本"|"显示数字 0"块拖到"游戏结束"块前，将"变量|score"块放置在其中，如图 8.29 所示。转换为 Python，对应的代码为 basic.show_number(score)。

小贴士

在模拟区观察效果。

如果每次敌方飞机移动到最下面，还没有碰到我方的飞机，得分加 1。

如果发生碰撞，游戏结束。

在结束之前，先把分数显示在 LED 点阵上。

（4）设置变量 delay，并将"当开机时块的 delay"设置为 1000，如图 8.30 所示。

图 8.29　显示分数

图 8.30　设置 delay

（5）在 plane 的循环中，将"数学"|"选取随机数，范围为 0～10"块代替"暂停(ms)1000"|"1000"块，并将范围改为 100～1000；在最后添加"将 delay 设为 delay * 0.95"块，如图 8.31 所示。转换为 Python，对应的代码分别为 basic.pause(randint(100,1000))和 delay＝delay * 0.95。

小贴士

在模拟区观察效果。

使用变量 delay 调整 plane 移动的间隔为 100～1000 的随机数。

在每次整个循环结束之后，变量乘以 0.95 后重新赋值给自己。

这个 0.95 可以进行调整，选择比较合适的数。

图 8.31　改变 delay 的值

📝**复习思考题**

（1）如何增加 plane 的数量？

（2）如何在不用按钮的情况下控制 player 的左右移动？

8.3　实践：双人游戏

创建我方角色 player 并通过按钮 A 和按钮 B 控制它移动，以躲避对方的子弹；通过同时按下按钮 A 和按钮 B，我方的角色发射子弹，通过无线在对方的屏幕中移动。

8.3.1　无线发送端

子弹发射程序的编写步骤如下。

（1）在块选择区中选中"无线"|"无线设置组"块，然后将其放置在"当开机时"块中。

（2）在块选择区中选中"变量"|"设置变量"，创建角色 player，把"将变量 player 设为 0"块放置在"无线设置组"块下。

（3）在块选择区中选中"高级"|"游戏"|"创建精灵，x:2 y:2"，然后将其放置在"将变量 player 设为 0"|"0"块中，将 y 的值改为 4，如图 8.32 所示。这样，player 的初始位置为（2,4）。

（4）通过按钮 A 和 B 来控制角色 player 的左右移动，如图 8.33 所示。

图 8.32　创建 player

图 8.33　控制 player 移动

（5）设置两个变量 bullet1-x 和 bullet1-y，分别为子弹的 x 轴和 y 轴坐标。

（6）在块选择区中选中"输入"|"当按钮 A 被按下时"，然后将其拖到"编程区"块中，改为"按钮 A＋B"。

（7）在块选择区中选中"变量"|"将 bullet1-y 设为 0"，然后将其放置在其中，将 bullet1-y 改为 bullet1-x。用"游戏"|"sprite x"块替换"将 bullet1-x 设为 0"|"0"块，将 sprite 改为 player，如图 8.34 所示。

（8）在块选择区中再次选中"变量"|"将 bullet1-y 设为 0"，然后将其放置在下面，用"数学"|"0 - 0"块替换"将 bullet1-y 设为 0"|"0"块；用"游戏"|"sprite x"块替换前面的"0"并将其改为"player y"，将后面的"0"改为"1"，如图 8.35 所示。

图 8.34　设置按钮 A＋B 的功能

图 8.35　改变子弹 y 坐标

> **小贴士**
>
> 　　在按钮 A 和 B 一起按下的时候，发出一颗子弹，实现角色发射子弹的功能。
> 　　子弹的初始位置肯定在角色的前面，所以 x 坐标是一样的；
> 　　但是子弹的 y 坐标要在角色 player 的基础上减去 1。

（9）创建子弹角色 bullet1，x 和 y 坐标分别为 bullet1x 和 bullet1y，如图 8.36 所示。

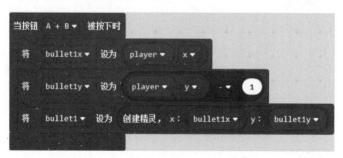

图 8.36　创建子弹角色

（10）子弹在产生之后就要向前移动，所以需要改变它的 y 轴坐标，而且越向上值越小；同时，在子弹每次产生并存在一定时间后，就需要进行删除，然后重新生成重复执行，如图 8.37 所示。

（11）在块选择区中选中"循环"|"重复 4 次"，然后将其拖到编程区，将"子弹移动"等代码块放置其中，如图 8.38 所示。

> **小贴士**
>
> 　　因为需要角色在最下面，所以子弹刚开始出现的位置在最下面的倒数第二层位置。
> 　　它到达最上面的位置需要 4 次移动，在这里循环 4 次就可以实现。

（12）在块选择区中选中"无线|无线发送数字 0"，然后将其放置在最后，并用"bullet1x"置换其中的"0"，如图 8.39 所示。

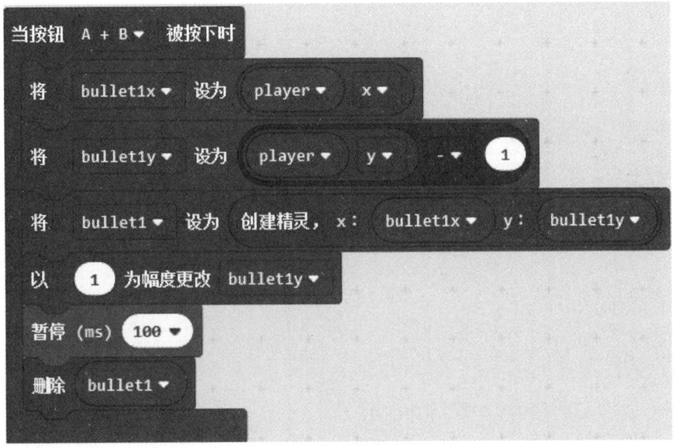

图 8.37　删除子弹

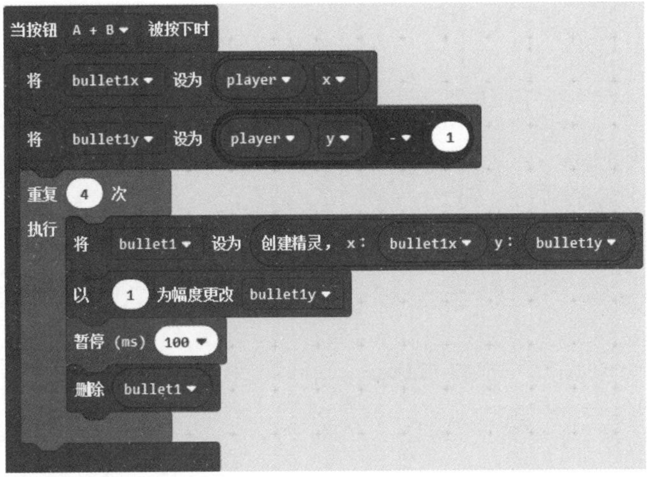

图 8.38　设置循环

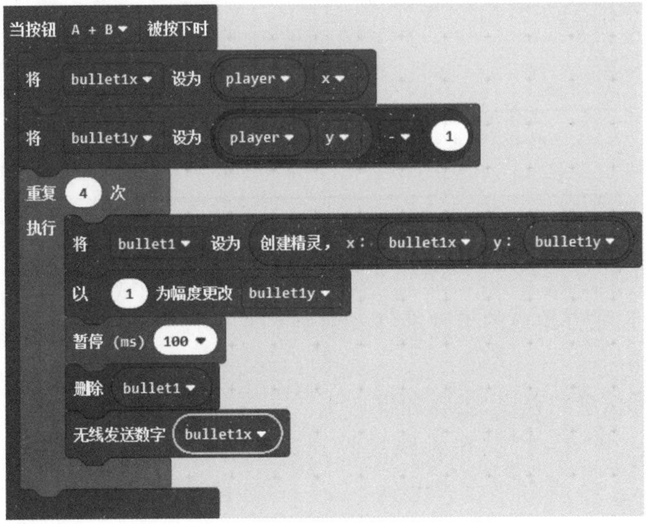

图 8.39　无线发射

> **小贴士**
>
> 　　子弹到达最上面之后，就发送到第二块 micro:bit 主控板上。
> 　　它到达第二块主控板后，刚开始的 x 轴位置与第一块主控板是对应的，但是 y 轴位置一定是 0，所以只需要把 x 轴的位置发送给第二块主控板就可以了。

至此，对应的 Python 代码如下：

```python
def button_pressed_ab():
    bullet1x=player.get(LedSpriteProperty.X)
    bullet1y=player.get(LedSpriteProperty.Y)-1
    for index in range(4):
        bullet1=game.create_sprite(bullet1x, bullet1y)
        bullet1y+=1
        basic.pause(100)
        bullet1.delete()
        radio.send_number(bullet1x)
input.on_button_pressed(Button.AB, button_pressed_ab)
def button_pressed_b():
    player.move(1)
input.on_button_pressed(Button.B, button_pressed_b)
def button_pressed_a():
    player.move(-1)
input.on_button_pressed(Button.A, button_pressed_a)
bullet1: game.LedSprite=None
bullet1y=0
bullet1x=0
player: game.LedSprite=None
radio.set_group(1)
player=game.create_sprite(2, 4)
```

复习思考题

　　分析 Python 代码。

8.3.2　无线接收端

　　因为是对战游戏，所以我方角色的子弹能够发射到对面；同样，对面的子弹也能够发射到我们这边，两块主控板的程序是一样的。

　　下面编写接收到子弹信息的程序，步骤如下。

　　（1）在块选择区中选中"无线"|"在无线接收到数据时运行 receivedNumber"，然后将其拖到编程区。

　　（2）添加变量 receivedNumber、bullet2-y、bullet2-x，把接收到的 x 轴坐标位置值赋给 bullet2-x，并

把 bullet2-y 的位置设为 0,如图 8.40 所示。

(3) 添加变量 bullet2,作为对面发射过来子弹的角色,如图 8.41 所示。

图 8.40　接收端坐标

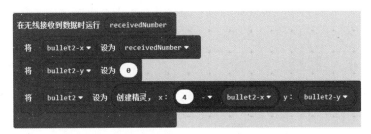

图 8.41　设置发射过来的子弹

> **小贴士**
>
> 　　因为两个是面对面玩游戏的,所有二者的 x 轴方向是相反的。x 轴的坐标不一样,所以这里的 x 轴坐标是(4-bullet2-x)。

(4) 子弹角色创建后,需要做与之前同样的移动操作;不过现在的子弹从最上面向下移动,所以需要每次给 y 轴的坐标加上 1。子弹到达最下面才能够击中角色,所以需要经过 5 次循环才能够到达,如图 8.42 所示。

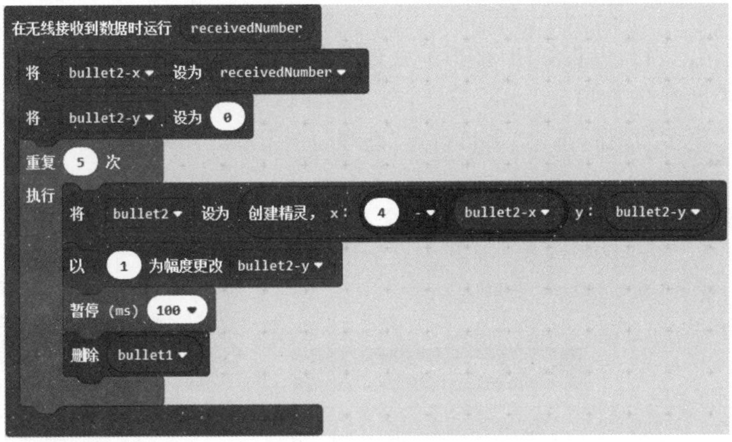

图 8.42　接收端子弹

无线接收端的 Python 代码如下:

```python
def received_number(receivedNumber):
    buttle2x=receivedNumber
    buttle2y=0
    for index2 in range(5):
        buttle2=game.create_sprite(4 -buttle2x, buttle2y)
        buttle2y+=1
        basic.pause(100)
        buttle2.delete()
radio.on_received_number(received_number)
```

> **复习思考题**
>
> 如何实现游戏的结束？如何计分？如何判断胜负？

8.4 实践：蓝牙

在块选择区中找不到蓝牙，这是因为无线和蓝牙只能二选一。

使用蓝牙的步骤如下。

（1）在块选择区中选中"高级|扩展"，跳转到如图8.43所示的"扩展"页面。

图 8.43 "扩展"页面

（2）单击 bluetooth 按钮，出现如图 8.44 所示对话框。

（3）单击"删除扩展并添加 bluetooth"按钮，在块选择区中就可以看到蓝牙设备了。

（4）单击右上角"更多"按钮，选中"项目设定"选项，如图8.45所示。

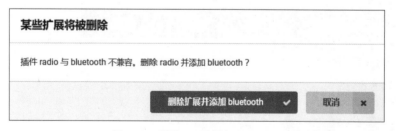

图 8.44 删除 radio 添加 bluetooth

图 8.45 项目设定

（5）在如图 8.46 所示的"名字"对话框中选中 No Pairing Required：Anyone can connect via Bluetooth，单击"保存"按钮。

8.4.1 Animal Magic

在手机上下载名为 Bitty Blue 的 App，通过图形界面编写蓝牙程序。

（1）使用图形界面编写程序 Animal Magic，如图 8.47 所示。

对应的 Python 代码如下：

```
def bluetooth_connected():
    basic.show_string("C")
```

```
    bluetooth.on_bluetooth_connected(bluetooth_connected)
    def bluetooth_disconnected():
        basic.show_string("D")
bluetooth.on_bluetooth_disconnected(bluetooth_disconnected)
bluetooth.start_button_service()
```

图 8.46 "名字"页面

图 8.47 蓝牙程序

（2）将 Animal Magic.hex 文件发送到 micro：bit。

（3）运行 App，点击 Scan 按钮，显示界面如图 8.48 所示。

（4）点击 Animal Magic，进入如图 8.49 所示的界面。

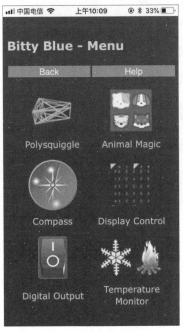

图 8.48 Menu 按钮

图 8.49 Animal Magic

（5）分别对 micro：bit 的按钮 A、B 进行短按和长按，显示效果如图 8.50 所示。

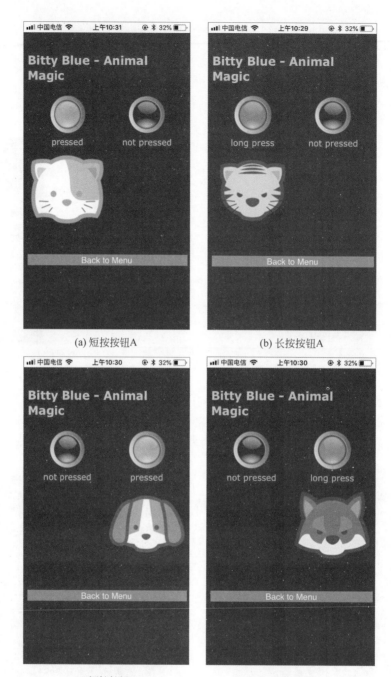

(a) 短按按钮A   (b) 长按按钮A

(c) 短按按钮B   (d) 长按按钮B

图 8.50　micro：bit 与 App 的交互

8.4.2　Message Display

本节学习如何实现字符串的显示，步骤如下。

（1）使用图形界面编写程序 Message Display，如图 8.51 所示。

对应的 Python 代码如下：

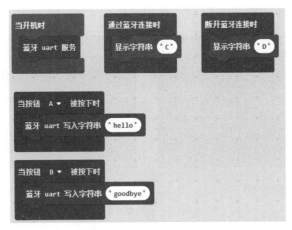

图 8.51　显示字符串的程序

```
def bluetooth_connected():
    basic.show_string("C")
bluetooth.on_bluetooth_connected(bluetooth_connected)
def bluetooth_disconnected():
    basic.show_string("D")
bluetooth.on_bluetooth_disconnected(bluetooth_disconnected)
def button_pressed_b():
    bluetooth.uart_write_string("goodbye")
input.on_button_pressed(Button.B, button_pressed_b)
def button_pressed_a():
    bluetooth.uart_write_string("hello")
input.on_button_pressed(Button.A, button_pressed_a)
bluetooth.start_uart_service()
```

（2）将 hex 文件发送到 micro：bit。

（3）点击 App 中的 Message Display 按钮，如图 8.52 所示。

图 8.52　Message Display

（4）按 micro：bit 的按钮 A 或 B，手机显示界面如图 8.53 所示。

(a) 按下按钮A   (b) 按下按钮B

图 8.53　手机显示界面

 复习思考题

访问 bitty blue 官网（http：//www.bittysoftware.com/），尝试其他功能。

参 考 文 献

［1］ HALFACREE G. BBC micro：bit 官方学习指南［M］.北京：机械工业出版社，2018.

［2］ SENEVIRATNE P. Beginning BBC micro：bit：A Practical Introduction to micro：bit Development［M］.［s.l.］：Apress，2018.

［3］ DONAT W. Getting Started with the micro：bit［M］.［s.l.］：Maker Media，2017.